Erddrucktafeln

Zeichnerische Zusammenstellung der
Größe des Erddrucks auf Stützmauern

analytisch errechnet nach Poncelet

von

Dr.-Ing. Otto Syffert

Mit 8 Abbildungen im Text
und 25 Tafeln

Springer-Verlag Berlin Heidelberg GmbH 1929

ISBN 978-3-662-32204-8   ISBN 978-3-662-33031-9 (eBook)
DOI 10.1007/978-3-662-33031-9

Alle Rechte, insbesondere das der Übersetzung
in fremde Sprachen, vorbehalten.

Copyright 1929 by Springer-Verlag Berlin Heidelberg
Ursprünglich erschienen bei Julius Springer in Berlin 1929

Vorwort.

Bei Aufstellung der vorliegenden Erddrucktafeln wurde zweierlei von mir beabsichtigt: Der entwerfende Ingenieur soll zunächst imstande sein, die ganz verschiedenartige Abhängigkeit des Erddruckes auf Stützmauern von den einzelnen Veränderlichen rasch und mühelos zu überblicken, dann, im gegebenen Einzelfalle, entweder die gesuchte Erddruckgröße unmittelbar aus der Tafel zu entnehmen, oder wenigstens den selbstermittelten Wert mit Hilfe der Tafel nachzuprüfen.

In diesem Sinne erfolgte auch die Ordnung der errechneten Werte. Die Tafeln 1 bis 25 umfassen jeweils ganz bestimmte Neigungen des Geländes und der Mauerrückfläche und geben die einzelnen, nach der Größe des Reibungswinkels zusammengefaßten Erddruckwerte als Abhängige ihrer Richtung zur Mauerrückfläche. Bei dieser Aufteilung genügt es in den meisten Fällen, nur eine einzige Tafel aufzuschlagen und die große Bedeutung der beiden, häufig ganz vernachlässigten Bestimmungsstücke, Reibungswinkel der Hinterfüllungserde und Richtung des Erddruckes, tritt sicher anschaulich genug hervor.

Mit den beiden letzten Tafeln soll der Einfluß der Mauerneigung auf die Erddruckgröße gezeigt werden. Zu diesem Zwecke wurde bei gleichbleibendem Reibungswinkel das eine Mal wagrechtes, das andere Mal natürlich geböschtes Gelände betrachtet und der Erddruck selbst in seiner Abhängigkeit von der Druckrichtung nach den verschiedenen Neigungen der Mauerrückfläche zusammengefaßt.

Auf die Darstellung des Erdwiderstandes habe ich verzichtet, um die Übersichtlichkeit der Tafeln nicht zu beeinträchtigen. Desgleichen habe ich in den Anweisungen zur Benutzung der Tafeln von jeder theoretischen Ableitung und Begründung der einzelnen Gleichungen und Verfahren Abstand genommen und nur auf die einschlägigen Quellen verwiesen.

Für die wiederholten, wertvollen Anregungen des Herrn Professor Richard Petersen, Danzig, gestatte ich mir auch an dieser Stelle meinen respektvollen Dank auszusprechen.

Kronach, im Mai 1929.

Otto Syffert.

Inhaltsverzeichnis.

	Seite
Berechnung der Tafelwerte.	1
Benutzung der Tafeln	2
Fall I: Mauerrückfläche und Gelände geradlinig begrenzt, Gelände unbelastet	2
Fall II: Mauerrückfläche gebrochen oder gekrümmt, Gelände geradlinig begrenzt und unbelastet	5
Fall III: Mauerrückfläche beliebig begrenzt, Gelände gebrochen oder gekrümmt	7
Fall IV: Mauerrückfläche und Gelände beliebig begrenzt, Gelände gleichmäßig belastet	8
Fall V: Mauerrückfläche und Gelände beliebig begrenzt, Gelände ungleichmäßig belastet	9
Fall VI: Mauerrückfläche und Gelände beliebig begrenzt, Gelände mit einer Einzellast belastet	9
Fall VII: Hinterfüllungserde mit Wasser durchtränkt	10
Schlußbemerkungen	11
Erddrucktafeln	13

Berechnung der Tafelwerte.

Sämtliche in den 25 nachfolgenden Tafeln zusammengestellten Werte geben nur den Erddruck (aktiven Erddruck) auf die Stützmauerrückfläche, nicht den Erdwiderstand (passiven Erddruck).

Der einzelne Tafelwert selbst stellt innerhalb der Formel für die Erddruckgröße
$$E = n \cdot \gamma \cdot h^2$$
den Wert n dar.

E bedeutet in dieser Formel die Größe des Erddruckes in t auf ein laufendes Meter der Mauerrückfläche senkrecht zur Bildebene, γ das Raumgewicht der Hinterfüllungserde in t/m³ und h die Höhe der Mauer in Meter. Der Wert n entspricht sonach unter sonst gleichbleibenden Bedingungen der Erddruckgröße bei γ gleich 1 und h gleich 1.

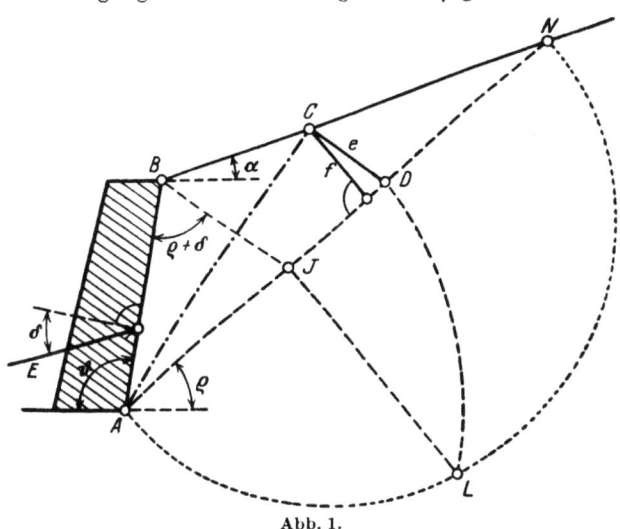

Abb. 1.

Die Berechnung des Wertes n erfolgte nach dem bekannten, mit Abb. 1 gekennzeichneten zeichnerischen Verfahren von Poncelet[1] (Erddrucktheorie von Coulomb) auf analytischem Wege.

---

[1] Ableitung und Erklärung dieses Verfahrens in Müller-Breslau: Erddruck auf Stützmauern. S. 13. Stuttgart: Kröner 1906. — Petersen, R.: Erddruck auf Stützmauern. S. 29ff. Berlin: Julius Springer 1924. — Krey, H.: Erddruck, Erdwiderstand S. 78ff. Berlin: Wilhelm Ernst & Sohn 1926.

Nach Poncelet gilt bei h gleich 1:
$$\frac{E}{\gamma} = \frac{f \cdot e}{2} = n,$$
und auf Grund der geometrischen Beziehungen
$$n = \frac{fe}{2} = 0{,}5 \cdot \frac{\sin^2(\vartheta + \varrho)}{\sin^2\vartheta \cdot \sin(\vartheta - \delta)} \cdot \frac{1}{(1 + \sqrt{z})^2},$$
wobei
$$z = \frac{\sin(\varrho - \alpha) \cdot \sin(\varrho + \delta)}{\sin(\vartheta + \alpha) \cdot \sin(\vartheta - \delta)}.$$

Hierin bedeutet nach Abb. 1
ϑ die Neigung der Mauerrückfläche gegen die Wagrechte,
ϱ den Reibungswinkel der Erde (angenähert gleich dem natürlichen Böschungswinkel),
α die Neigung der Erdoberfläche gegenüber der Wagrechten,
δ die Neigung des Erddrucks gegen die Senkrechte auf die Wand.

In dem am häufigsten vorkommenden Sonderfalle — lotrechte Mauerrückfläche, wagrechtes Gelände und wagrechter Erddruck,
$$\text{also } \vartheta = 90^0, \quad \alpha = 0^0 \text{ und } \delta = 0^0,$$
geht dieser Ausdruck über in
$$n = 0{,}5\, \mathrm{tg}^2\left(45 - \frac{\varrho}{2}\right)$$
und damit
$$E = 0{,}5\, \gamma\, h^2\, \mathrm{tg}^2\left(45 - \frac{\varrho}{2}\right)$$
oder auch
$$E = 0{,}5\, \gamma\, h^2\, \frac{\mathrm{tg}\left(45 - \frac{\varrho}{2}\right)}{\mathrm{tg}\left(45 + \frac{\varrho}{2}\right)}.*$$

Benutzung der Tafeln.

Fall I: **Mauerrückfläche und Gelände geradlinig begrenzt, Gelände unbelastet.**

Ausgegangen wird von der Neigung des abzustützenden Geländes und der Mauerrückfläche[1]. Die Größe dieser beiden Winkel α und ϑ wird am einfachsten durch ihren Tangentenwert festgestellt. Hierauf wird die dazugehörige Tafel aufgeschlagen (vgl. Übersicht 1).

---

* Angegeben z. B. in Försters Taschenbuch, 3. Aufl. S. 1726, Berlin: Julius Springer 1920 und in der „Hütte" 22. Aufl., S. 173, Berlin: Wilhelm Ernst & Sohn 1915.

[1] Wegen des zweckmäßigsten Mauerquerschnittes darf auf die Untersuchungen von R. Petersen in „Erddruck auf Stützmauern", Teil I, Berlin: Julius Springer 1924 verwiesen werden.

Fall I: Mauerrückfläche und Gelände geradlinig begrenzt.

Übersicht 1[1]

Neigung des Geländes (tg α)	Neigung der Mauerrückfläche (tg ϑ)							
	vorwärts geneigt			rückwärts geneigt				
	1:1	2:1	3:1	∞	10:1	5:1	4:1	3:1
	Nummer der Tafel							
1:∞	1	1	2	2	3	3	4	4
1:3	5	5	6	6	7	7	8	8
1:2	9	9	10	10	11	11	12	12
2:3	13	13	14	14	15	15	16	16
4:5	17	17	18	18	19	19	20	20
1:1	21	21	22	22	23	23	24	24

Dazwischen liegende Werte werden sich wohl immer mit genügender Genauigkeit einschätzen lassen.

Innerhalb der einzelnen Tafeln sind die Erddruckgrößen nach dem jeweiligen Reibungswinkel ϱ der Hinterfüllungserde zusammengestellt. Als Nächstes muß deshalb über die Größe dieses Winkels entschieden werden. Dies mag entweder mit Hilfe der Übersicht 2 oder auf Grund eines Versuches geschehen. Die Feststellung des Reibungswinkels lediglich durch den natürlichen Böschungswinkel dürfte allerdings nur bei Mauerhöhen unter 3 bis 4 m oder bei nicht plastischem, kohäsionslosem Sand und Kies genügen. (Näheres bei H. Krey: Erddruck, Erdwiderstand, S. 63ff.) Da nach den Versuchsergebnissen von Müller-Breslau[2] infolge der in Wirklichkeit gekrümmten Gleitfläche der tatsächlich auftretende Erddruck größer ist als der nach Poncelet unter Annahme einer geraden Gleitfläche ermittelte, empfiehlt es sich, den Wert ϱ besonders bei steiler geneigtem Gelände lieber zu gering als zu hoch anzunehmen.

Schließlich ist die Richtung des Erddrucks zur Mauerrückfläche, d. h. die Größe des Winkels δ anzunehmen. Dieser Winkel liegt im allgemeinen innerhalb der beiden Grenzen

$$\delta = 0 \quad \text{und} \quad \delta = \varrho.$$

In den einzelnen Sonderfällen lassen sich nach R. Petersen etwa die im nachfolgenden aufgeführten, wesentlich enger umgrenzten Annahmen machen[3]. Die kleineren, für die Standsicherheit der Mauer ungünstigeren Werte von δ sind hierbei überall da zu nehmen, wo die Hinterfüllungserde entweder häufigen Erschütterungen oder Stößen

---
[1] Die zeichnerische Darstellungsweise dieser Tafeln wurde erstmalig von R. Petersen in „Erddruck auf Stützmauern" Teil III, S. 74ff., Berlin: Julius Springer 1924, angewendet.
[2] Müller-Breslau: Erddruck auf Stützmauern. S. 151.
[3] Petersen, R.: Erddruck auf Stützmauern S. 23ff. (Ausführliche Untersuchung und Würdigung der verschiedenen möglichen Gleichgewichtszustände.)

Benutzung der Tafeln.

ausgesetzt ist, oder wo oftmalige Schwankungen des Grundwasserspiegels oder sonstige Feuchtigkeitsänderungen zu befürchten sind.

Mutmaßliche Richtung des Erddrucks.

1. Bei lotrechter Wand und wagrechtem Gelände:
ungünstigstenfalls $\delta = 0$,
günstigstenfalls $\delta = 0{,}8\,\varrho$; ($\varrho =$ Reibungswinkel der Erde).

2. Bei lotrechter Wand und schrägansteigendem Gelände:
ungünstigstenfalls $\delta = \alpha$, ($\alpha =$ Neigungswinkel der Erdoberfläche gegen die Wagrechte),
günstigstenfalls, so weit möglich,
$$\delta = 0{,}8\,\varrho.$$

Ist α größer als $0{,}8\,\varrho$, nähert sich δ dem Winkel ϱ, bei $\alpha = \varrho$ gilt auch $\delta = \varrho$.

3. Bei vorwärtsgeneigter Wand und wagrechtem oder schräg ansteigendem Gelände:
Der ungünstigste Wert von δ ergibt sich näherungsweise auf Grund des in Abb. 2 wiedergegebenen Gedankenganges aus den Annahmen unter 1. u. 2. Diese Werte wurden in den nachfolgenden Tafeln gekennzeichnet und alle noch flacher geneigten Werte nur gestrichelt eingetragen (vgl. auch Tafel 25), günstigstenfalls gilt wieder $\delta = \varrho$.

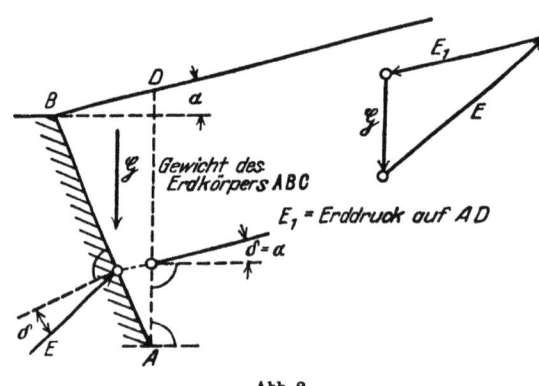

Abb. 2.

4. Bei rückwärts geneigter Wand und wagrechtem oder schrägansteigendem Gelände kann δ sämtliche Werte annehmen zwischen
$$\delta = 0 \quad \text{und} \quad \delta = \varrho.$$

Mit der Wahl von δ ist der Erddruck nach Größe und Richtung festgelegt und kann jetzt ohne weiteres den Tafeln entnommen werden.

Beispiel.

Bei einer Neigung des Geländes gleich $1:3$,
einer Neigung der Mauerrückfläche gleich $5:1$ nach rückwärts,
bei ϱ entsprechend Übersicht 2 gleich $40°$,
δ gleich $25°$,
γ gleich $1{,}8$ t/m³

Fall II: Mauerrückfläche gebrochen oder gekrümmt.

und einer Mauerhöhe h gleich 2,5 m ergibt sich

$n = 0{,}08$ (Tafel 7)

und $\quad E = n\gamma h^2$
$= 0{,}08 \cdot 1{,}8 \cdot 2{,}5^2 = 0{,}9$ t.

Die Lage der Mittelkraft des Erddrucks ist mit der mutmaßlichen Höhenlage des Angriffspunktes auf der Mauerrückfläche gegeben. Dieser liegt nach den Untersuchungen von R. Petersen[1] im vorliegenden Falle (geradlinig begrenzte Erdoberfläche)

a) bei lotrechter und vorwärts geneigter Mauerrückfläche und einer gegenüber dem Böschungswinkel ϱ flachen Geländeneigung α angenähert in $1/3$ der Wandhöhe;

b) Bei rückwärts geneigter Mauerrückfläche je nach der Größe der Geländeneigung gegenüber dem Böschungswinkel ϱ bei ganz geringen Neigungen etwa in $1/3$, bei stärkeren Neigungen etwa in $2/5$ der Wandhöhe.

c) Erreicht schließlich die Geländeneigung den natürlichen Böschungswinkel ϱ, also in dem Grenzfalle $\alpha = \varrho$, dann rückt der Angriffspunkt bei rückwärts geneigter und lotrechter Mauerrückfläche bis zur Wandmitte und bei vorwärts geneigter Wand nach der Kräftezusammensetzung der Abb. 2 bis fast zur Wandmitte hinauf.

Fall II: **Mauerrückfläche gebrochen oder gekrümmt, Gelände geradlinig begrenzt und unbelastet.**

Bei gebrochener oder gekrümmter Mauerrückfläche wird es im allgemeinen völlig genügen, den Erddruck nach Abb. 3 für eine durchlaufende Ersatzfläche AF zu ermitteln, und das Gewicht des restlichen Erdkörpers zwischen Ersatzfläche und Mauer dem Gewichte der Mauer hinzuzurechnen. Die Aufgabe ist also zurückgeführt auf den Fall einer lotrechten Mauerrückfläche, dessen Lösung unter I. bereits behandelt wurde.

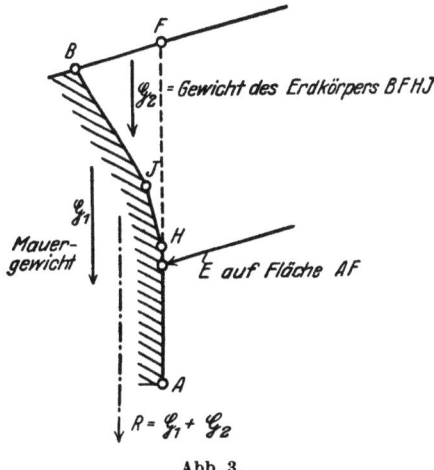

Abb. 3.

Soll ausnahmsweise die Untersuchung genauer sein, dann muß jede Teilfläche des Mauerrückens gesondert betrachtet

---

[1] Petersen, R.: Erddruck auf Stützmauern. S. 60 ff.

werden. Gekrümmte Flächen sind zu diesem Zwecke vorher in mehrere kleinere Ebenen aufzulösen.

Der Erddruck E_1 auf die oberste Teilfläche BI (vgl. Abb. 4) beträgt
$$E_1 = n_1 \gamma h_1^2;$$
der Erddruck auf die zweite Teilfläche
$$E_2 = n_2 \gamma (h_2'^2 - h_2''^2),$$
und dementsprechend ganz allgemein
$$E_i = n_i \gamma (h_i'^2 - h_i''^2).$$

Für die Entnahme der Werte n aus den Tafeln gilt wieder das unter I. Gesagte.

Die Angriffspunkte der einzelnen Teilmittelkräfte E_1, E_2 usw. lassen sich näherungsweise nach Abb. 4 auf gleicher Höhe mit den einzelnen Schwerpunkten der sog. Erddruckflächen annehmen. Die unter I. gemachten Angaben über die Angriffshöhe bei geradlinig begrenzter Mauerrückfläche lassen sich sinngemäß übertragen.

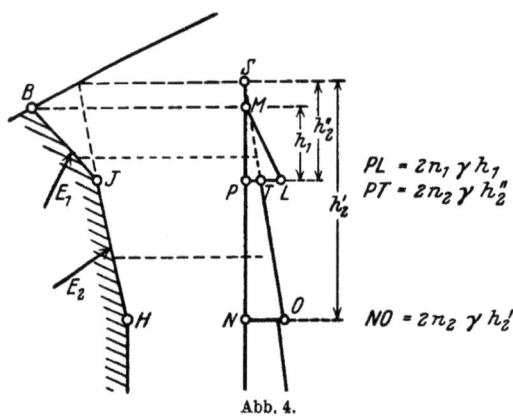

Abb. 4.

Die einzelnen Erddruckflächen sind entsprechend der angenähert dreieckigen Gestalt der Erddruckfläche bei geradliniger Begrenzung der Mauerrückfläche und des Geländes dadurch entstanden, daß von der Erddruckfläche NSO mit der Grundlinie NO

$(NO = 2 n_2 \gamma h_2';$ Gesamtfläche $NSO = n_2 \gamma h_2'^2)$

die Erddruckfläche PTS mit der Grundlinie PT

$(PT = 2 n_2 \gamma h_2'';$ Gesamtfläche $PTS = n_2 \gamma h_2''^2)$

abgezogen wurde.

Inhalt des Trapezes $PTON$ somit $= n_2 \gamma (h_2'^2 - h_2''^2)$.

Die Mittelkraft von sämtlichen Teilkräften E_1, E_2 usw. gibt den Gesamterddruck auf die Mauerrückfläche nach Größe, Richtung und Lage[1].

---

[1] Eine rechnerisch noch genauere Lösung wird von H. Krey: Erddruck, Erdwiderstand, S. 87 ff, beschrieben. — Vgl. auch Förster: Taschenbuch, 3. Aufl. S. 1727. 1920 und „Hütte" 22. Aufl. S. 169, 1915.

Fall III: Mauerrückfläche beliebig begrenzt, Gelände gebrochen oder gekrümmt.

Fall III: **Mauerrückfläche beliebig begrenzt, Gelände gebrochen oder gekrümmt.**

In allen Fällen einer gebrochenen oder gekrümmten Erdoberfläche sind die Erddrucktafeln nicht zu benutzen. Diese Aufgaben lassen sich mit Hilfe der Ponceletschen Konstruktion[1] oder mit der Culmannschen Erddrucklinie lösen. Dieses letztere Verfahren ist bei ebener Mauerrückfläche vorzuziehen und soll für diesen Sonderfall kurz beschrieben werden[2].

Gemäß Abb. 5a wird AN (die sog. Böschungslinie) unter dem Winkel ϱ gegen die Wagrechte, und durch den Punkt A die sog. Stellungslinie unter

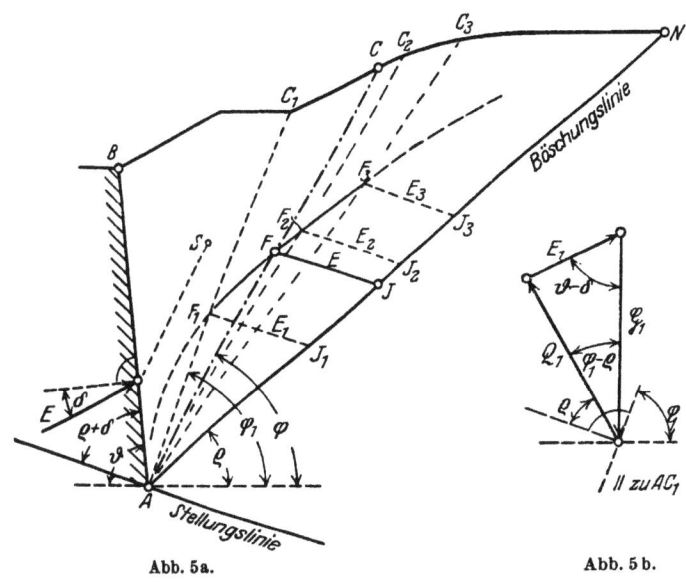

Abb. 5a.   Abb. 5b.

$\varrho + \delta$ gegen die Mauerrückfläche gezogen. Hierauf wird eine beliebig gewählte Gleitfläche AC_1 angenommen, das Gewicht des Erdkörpers $ABC_1 = G_1$ (Fläche $ABC_1 \cdot \gamma$) ermittelt und in beliebigem Maßstab von A ab auf der Böschungslinie AN abgetragen (Strecke AJ_1).

Die Parallele zur Stellungslinie durch den Punkt J_1 gibt dann mit der Strecke J_1F_1 den zur Gleitfläche AC_1 zugehörigen Erddruck E_1 in dem für G_1 gewählten Maßstab.

Der Gang dieser Konstruktion, die Zerlegung des lotrechten Gewichtes G_1 von dem Erdkörper ABC_1 in den Erddruck E_1 und die Gegenkraft Q_1 (die grundlegende Forderung von Coulomb) kann der Abb. 5a

---

[1] Beschrieben in Förster: Taschenbuch, S. 1726 und „Hütte" Bd. 3, S. 174.
[2] Nach H. Krey: Erddruck, Erdwiderstand S. 80.

und Abb. 5b unschwer entnommen werden. Die Abb. 5b ist lediglich um den Winkel $(90^0-\varrho)$ im Uhrzeigersinn gedreht.

Die Untersuchung wird nacheinander für mehrere, entsprechend angenommene Gleitflächen AC_1, AC_2, AC_3 usw. durchgeführt, bis eine genügende Anzahl von Punkten F_1, F_2, F_3... gefunden ist.

Schließlich werden alle diese Punkte F_1, F_2, F_3 usw. mit einer zügigen Linie (der Culmannschen Erddrucklinie) miteinander verbunden.

Die Culmannsche Erddrucklinie gibt also den Erddruck auf die Mauerrückfläche in einem schiefen Koordinatensystem als Abhängige vom Gewicht des abgleitenden Erdkörpers und damit von dem Neigungswinkel der Gleitfläche. Der gesuchte größte Erddruck E kann zugleich mit der dazugehörigen, ungünstigsten Gleitfläche AC ohne weiteres durch eine Parallele zur Böschungslinie an die Culmannsche Erddrucklinie festgestellt und herausgegriffen werden.

Der Angriffspunkt der Erddruckmittelkraft auf der Mauerrückfläche wird nach H. Krey (a. a. O. S. 88) näherungsweise mit einer Parallelen zur ungünstigsten Gleitfläche AC durch den Schwerpunkt S des Erdkörpers ABC ermittelt[1].

Fall IV: **Mauerrückfläche und Gelände beliebig begrenzt, Gelände gleichmäßig belastet.**

a) Mauerrückfläche und Gelände geradlinig begrenzt:

In diesem Falle (Abb. 6) gilt für den Gesamterddruck

$$\sum E = n\gamma h^2 + 2\,nph,$$

dabei bedeutet

$$n\gamma h^2 = E$$

den Anteil der Hinterfüllungserde für sich allein, und

$$2\,nph = E_p$$

den zusätzlichen Anteil der gleichmäßig verteilten Auflast p in t/m².

Zur Ermittlung dieser beiden Erddruckgrößen wird zweckmäßig zuerst E nach den Anleitungen unter I. mit dem Tafelwert n und den beiden gegebenen Bestimmungsstücken γ und h nach Größe, Richtung und Lage festgestellt und eingezeichnet. Hierauf wird der Erddruck E_p mit dem gleichen Tafelwert n, demselben h und dem gegebenen Wert p errechnet und in derselben Richtung zur Mauerrückfläche wie E, jedoch in halber Mauerhöhe eingetragen. Die Mittelkraft aus den beiden Teilkräften E und E_p gibt den Gesamtwert $\sum E$ nach Größe, Lage und Richtung.

---

[1] Vgl. auch die Untersuchungen von R. Petersen: Erddruck auf Stützmauern, S. 36ff. und S. 58.

Fall V: Mauerrückfläche und Gelände beliebig begrenzt.

b) **Mauerrückfläche gebrochen oder gekrümmt, Gelände geradlinig begrenzt.**

Hier gelten wieder die Ausführungen unter II. Es ist entweder eine durchlaufende Ersatzfläche einzuführen oder jede einzelne Teilfläche für sich allein nach Fall IVa zu behandeln.

c) **Mauerrückfläche beliebig begrenzt, Gelände gebrochen oder gekrümmt.**

Die Tafeln sind nicht mehr zu benutzen. Die Lösung der Aufgabe erfolgt

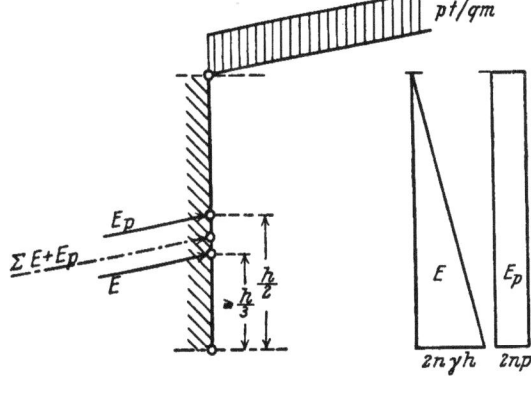

Abb. 6.

wie im Falle III. nach Poncelet oder nach Culmann, wobei die Belastung als Erdlast mit dem Raumgewicht γ der Erde und der Höhe

$$h_p = \frac{p}{\gamma}$$

zu denken ist.

Fall V: Mauerrückfläche und Gelände beliebig begrenzt, Gelände ungleichmäßig belastet.

Da jede ungleichmäßige Belastung als Erdlast mit der Höhe

$$h_p = \frac{p}{\gamma}$$

gedacht im allgemeinen den Sonderfall der gebrochenen oder gekrümmten Erdoberfläche ergibt, gilt hier das gleiche wie bei Fall III und IVc.

Fall VI: Mauerrückfläche und Gelände beliebig begrenzt, Gelände mit einer Einzellast belastet.

Der Erddruck aus der Hinterfüllungserde wird genau wie bei unbelasteter Geländeoberfläche nach den unter I., II. und III. gegebenen Anleitungen ermittelt. Zur Bestimmung des Erddruckes E_P aus der Einzellast empfiehlt es sich nach R. Petersen[1], die ungünstigste Gleitfläche für die unbelastete Hinterfüllungserde aufzusuchen (vgl. hierzu

---

[1] Petersen, R.: Erddruck auf Stützmauern. S. 58ff.

die Anleitungen unter Fall III), und die Einzellast P entsprechend der Abb. 7a und 7b nach erfolgter Annahme von δ und ϱ in den gesuchten Erddruck E_P und den Gegendruck Q_P zu zerlegen.

E_P ist hierbei unter dem Winkel $(\vartheta - \delta)$ gegen die Lotrechte, und Q_P unter dem Winkel $(\varphi - \varrho)$ gegen die Lotrechte geneigt. φ ist der Winkel, den die gefundene ungünstigste Gleitfläche mit der Wagrechten einschließt.

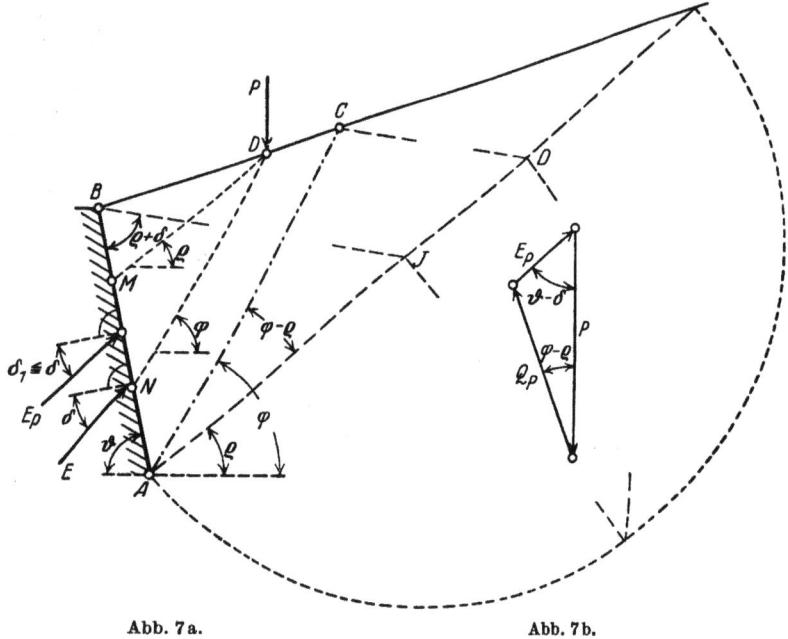

Abb. 7a. Abb. 7b.

Je nach den gegebenen Verhältnissen wird der Winkel δ möglichst vorsichtig anzusetzen sein. Der Angriffspunkt von E_P auf der Mauerrückfläche dürfte — ebenfalls nach R. Petersen — etwa zwischen den beiden Punkten M und N der Abb. 7a liegen, wobei DM unter dem Winkel ϱ gegen die Wagrechte, und DN parallel zur ungünstigsten Gleitfläche AC (für unbelastete Hinterfüllungserde) gezogen wurde.

Fall VII: **Hinterfüllungserde mit Wasser durchtränkt.**

Sobald die Hinterfüllungserde mit Wasser durchtränkt ist, tritt zu dem Erddruck $E = n\gamma h^2$ noch der Wasserdruck abzüglich der Verminderung des Erddrucks durch den Auftrieb der Hinterfüllungserde im Wasser hinzu. Im ganzen wirkt somit auf die Mauerrückfläche

$$\sum E = n\gamma_\varepsilon h^2 + \gamma_\omega \frac{h_\omega^2}{2} - n\varepsilon\gamma_\omega h_\omega^2$$

oder
$$\sum E = n\gamma_\varepsilon h^2 + \gamma_\omega \frac{h_\omega^2}{2}(1 - \varepsilon 2n);\text{*}$$

wobei γ_ω gleich dem Raumgewicht des Wassers, h_ω gleich der Höhe des Wassers und ε gleich der tatsächlichen Wasserverdrängung der Hinterfüllungserde.

(Bei den meisten sandigen Bodenarten kann ε zu 0,6 bis 0,7 und bei undurchlässigem Boden bis zu 1,0 angenommen werden, wenn das Raumgewicht γ auch für völlig durchtränkten Boden ermittelt wurde[1].

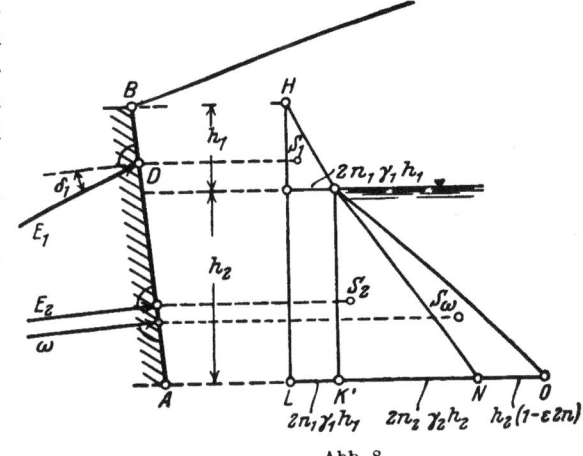

Abb. 8.

Zur Lösung wird nach Abb. 8 zunächst die Erddruckfläche mit den jeweils gültigen Werten von ϱ und γ, und dann die mit dem Werte $(1 - \varepsilon 2n)$ multiplizierte Fläche des Wasserdruckes aufgetragen.

Es gilt sonach im Falle der Abb. 8:

$LK' = 2n_1\gamma_1 h_1$ und $LO = 2n_1\gamma_1 h_1 + 2n_2\gamma_2 h_2 + h_2(1 - \varepsilon 2n)$.

Der Angriffspunkt der einzelnen Teilmittelkräfte an der Mauerrückfläche darf ebenso wie bei der genaueren Untersuchung im Fall II in Höhe des jeweiligen Schwerpunktes der einzelnen Druckflächen angenommen werden. Die Richtung von beiden Druckkräften ist immer lotrecht zur Mauer. Die Mittelkraft aus den sämtlichen Teilmittelkräften stellt wieder den Gesamtdruck auf die Mauerrückfläche nach Größe, Richtung und Lage dar.

Schlußbemerkungen.

Jeder Erddruckuntersuchung liegen notwendig vier Annahmen zugrunde: der natürliche Reibungswinkel und das Raumgewicht der Hinterfüllungserde, der Neigungswinkel des Erddrucks zur Mauerrückfläche und schließlich die Lage der Erddruckmittelkraft. Der Spiel-

---

* Krey, H.: Erddruck, Erdwiderstand. S. 184ff.
[1] Krey, H.: Erddruck, Erdwiderstand. Fußnote S. 185.

raum für diese vier Annahmen ist in den meisten Fällen recht weit, und ihr Einfluß auf die statische Auswirkung des Erddrucks verhältnismäßig sehr groß, wie gerade an Hand der einzelnen Tafeln besonders leicht zu übersehen ist.

Der Genauigkeitsgrad der Erddruckuntersuchungen wird daher weit mehr durch eine wohlüberlegte, den gegebenen Bedingungen Rechnung tragende Wahl dieser grundlegenden Annahmen gesteigert als durch eine besonders sorgfältige Durchführung des nachfolgenden, rein rechnerischen Teiles der Ermittlung. Müller-Breslau empfiehlt sogar als Endergebnis seiner einschlägigen Untersuchungen: „Um die Größe von E zu bestimmen, rechne man mit der einfachsten Formel. Die Richtung von E nehme man so an, wie man es in jedem einzelnen Falle verantworten kann"[1].

Hiernach dürfte also auch die große Frage, welche Erddrucktheorie vorzuziehen wäre, wenigstens bei den meisten Bauaufgaben des Alltags von untergeordneter Bedeutung sein. Wenn die Grundlagen der Ermittlung, die Größen ϱ, γ, δ und die Höhe des Angriffspunktes der Erddruckmittelkraft vernünftig gewählt wurden, kann immer eine völlig ausreichende Übereinstimmung des Untersuchungsergebnisses mit der Wirklichkeit erwartet werden.

Übersicht. 2. **Mittelwerte der natürlichen Böschungswinkel und der Raumgewichte für verschiedene Bodenarten**[2].

Erdart	γ	ϱ^0	$\operatorname{tg}\varrho$
Dammerde:			
trocken	1,4	35—40	1 : 1,4—1 : 1,2
natürlich feucht	1,6	45	1 : 1
gesättigt naß	1,8	27	1 : 2
Sand:			
trocken	1,6—1,65	30—35	1 : 1,7—1 : 1,4
natürlich feucht	1,8	40	1 : 1,2
gesättigt naß	2,0	25	1 : 2,1
Lehmboden:			
trocken	1,5	40—45	1 : 1,2—1 : 1
naß	1,9	20—25	1 : 2,7—1 : 2,1
Tonerde:			
trocken	1,6	40—45	1 : 1,2—1 : 0,8
naß	2,0	20—25	1 : 2,7—1 : 2,1
Kies:			
trocken	1,8—1,85	35—40	1 : 1,4—1 : 1,2
naß	1,85	25	1 : 2,1
Gerölle:			
eckig	1,8	45	1 : 1
rundlich	1,8	30	1 : 1,7
Gaskohlen	0,9	45—50	1 : 1 —1 : 0,8
Wasser	1,0	0	1 : ∞
Schlamm	2,0	0	1 : ∞

[1] Mitgeteilt in R. Petersen: Erddruck auf Stützmauern. S. 35.
[2] Entnommen aus Müller-Breslau: Erddruck auf Stützmauern. S. 3.

Tafel 1.

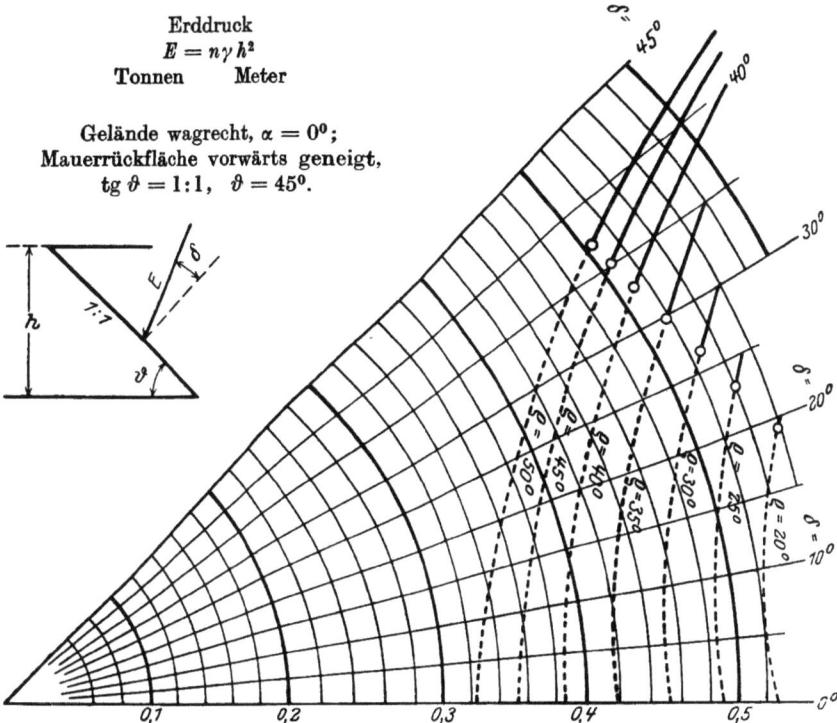

Erddruck
$E = n\gamma h^2$
Tonnen   Meter

Gelände wagrecht, $\alpha = 0°$;
Mauerrückfläche vorwärts geneigt,
tg $\vartheta = 1:1$, $\vartheta = 45°$.

n ist zu messen vom Koordinatenanfang in der Richtung δ bis zur ϱ-Linie.

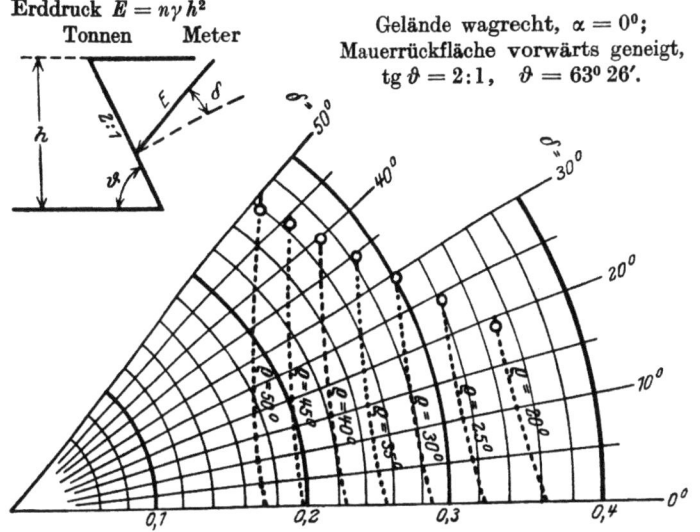

Erddruck $E = n\gamma h^2$
Tonnen   Meter

Gelände wagrecht, $\alpha = 0°$;
Mauerrückfläche vorwärts geneigt,
tg $\vartheta = 2:1$, $\vartheta = 63° 26'$.

n ist zu messen vom Koordinatenanfang in der Richtung δ bis zur ϱ-Linie.

Tafel 2.

Erddruck
$E = n\gamma h^2$
Tonnen   Meter

Gelände wagrecht, $\alpha = 0°$;
Mauerrückfläche vorwärts geneigt,
$\operatorname{tg}\vartheta = 3:1$, $\vartheta = 71°\,34'$.

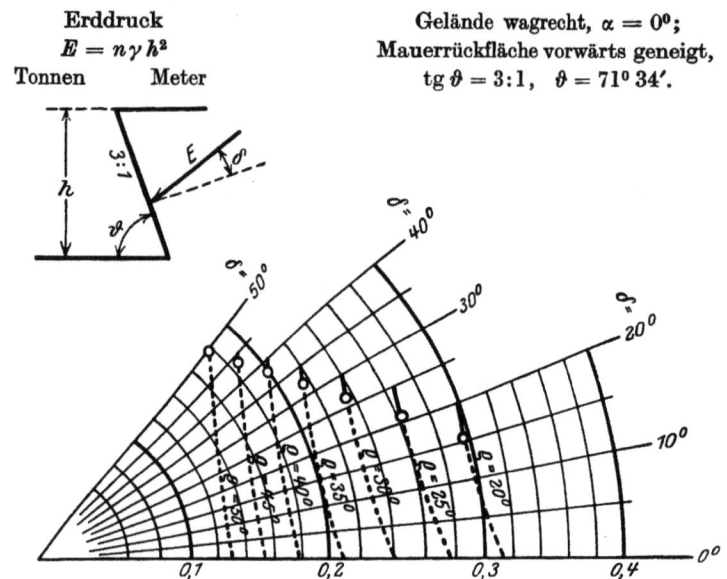

n ist zu messen vom Koordinatenanfang in der Richtung δ bis zur ϱ-Linie.

Erddruck
$E = n\gamma h^2$
Tonnen   Meter

Gelände wagrecht, $\alpha = 0°$;
Mauerrückfläche lotrecht,
$\vartheta = 90°$.

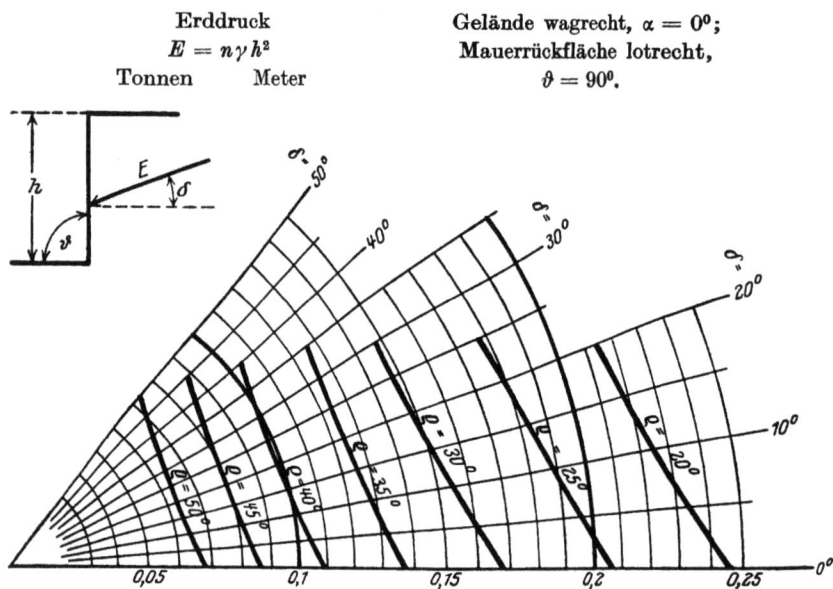

n ist zu messen vom Koordinatenanfang in der Richtung δ bis zur ϱ-Linie.

Tafel 3.

Erddruck
$E = n\gamma h^2$
Tonnen   Meter

Gelände wagrecht, $\alpha = 0°$;
Mauerrückfläche rückwärts geneigt,
$\operatorname{tg}\vartheta = 10:1$, $\vartheta = 95°. 42'$

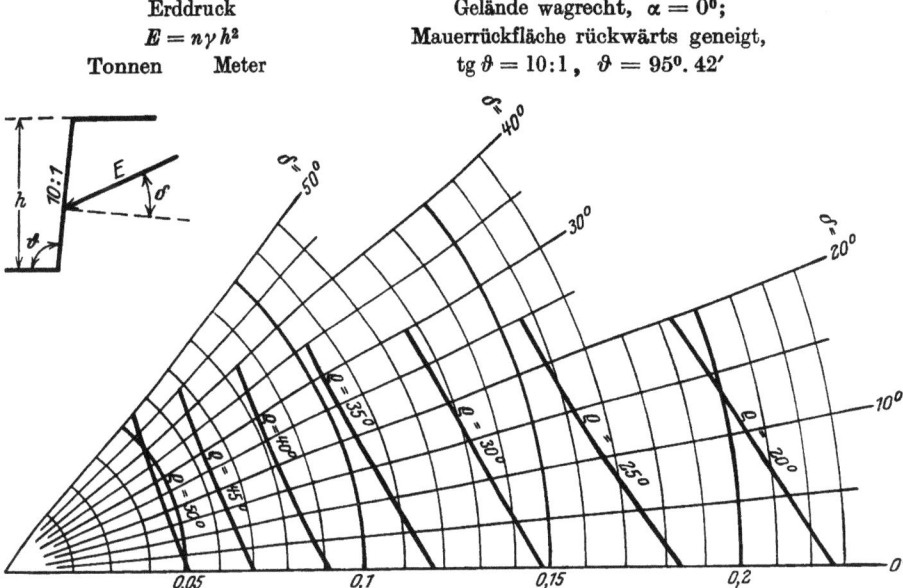

n ist zu messen vom Koordinatenanfang in der Richtung δ bis zur ϱ-Linie.

Erddruck
$E = n\gamma h^2$
Tonnen   Meter

Gelände wagrecht, $\alpha = 0°$;
Mauerrückfläche rückwärts geneigt,
$\operatorname{tg}\vartheta = 5:1$, $\vartheta = 101° 18'$.

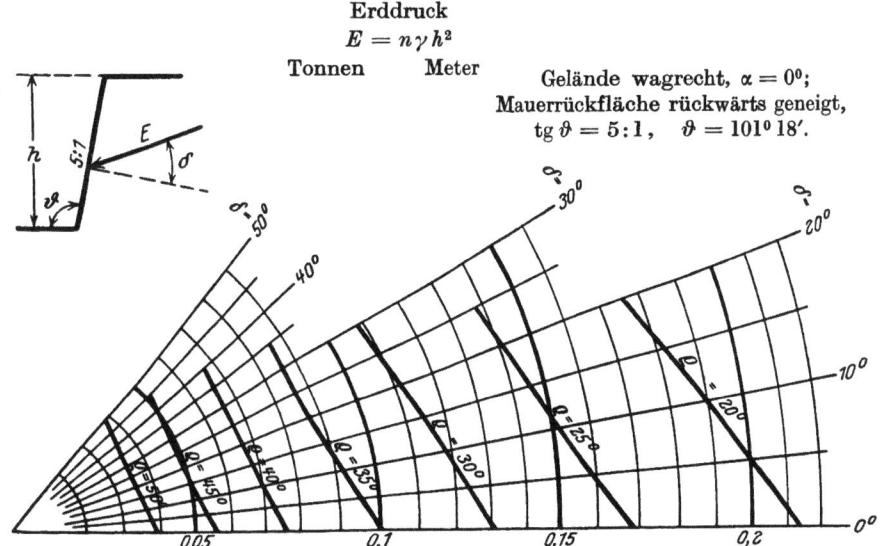

n ist zu messen vom Koordinatenanfang in der Richtung δ bis zur ϱ-Linie.

Tafel 4.

Erddruck
$E = n \gamma h^2$
Tonnen   Meter

Gelände wagrecht, $\alpha = 0°$,
Mauerrückfläche rückwärts geneigt,
$\operatorname{tg} \vartheta = 4:1$, $\vartheta = 104° 2'$.

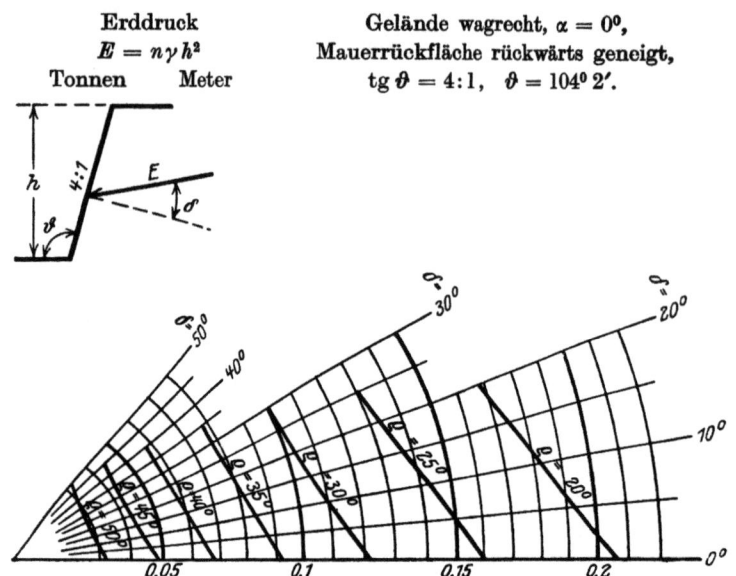

n ist zu messen vom Koordinatenanfang in der Richtung δ bis zur ϱ-Linie.

Erddruck
$E = n \gamma h^2$
Tonnen   Meter

Gelände wagrecht, $\alpha = 0°$;
Mauerrückfläche rückwärts geneigt,
$\operatorname{tg} \vartheta = 3:1$, $\vartheta = 108° 26'$.

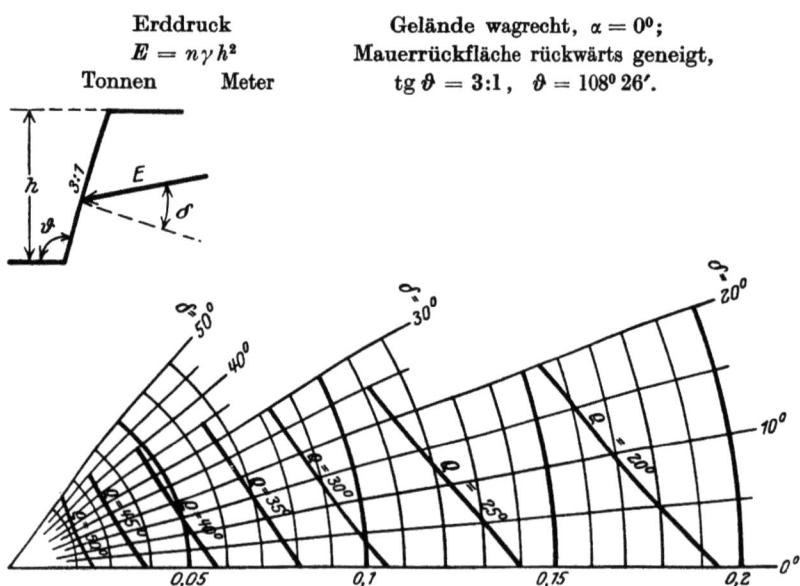

n ist zu messen vom Koordinatenanfang in der Richtung δ bis zur ϱ-Linie.

Erddruck
$E = n \gamma h^2$
Tonnen   Meter

Gelände ansteigend, $\operatorname{tg}\alpha = 1:3$, $\alpha = 18°26'$;
Mauerrückfläche vorwärts geneigt,
$\operatorname{tg}\vartheta = 1:1$, $\vartheta = 45°$.

Tafel 5.

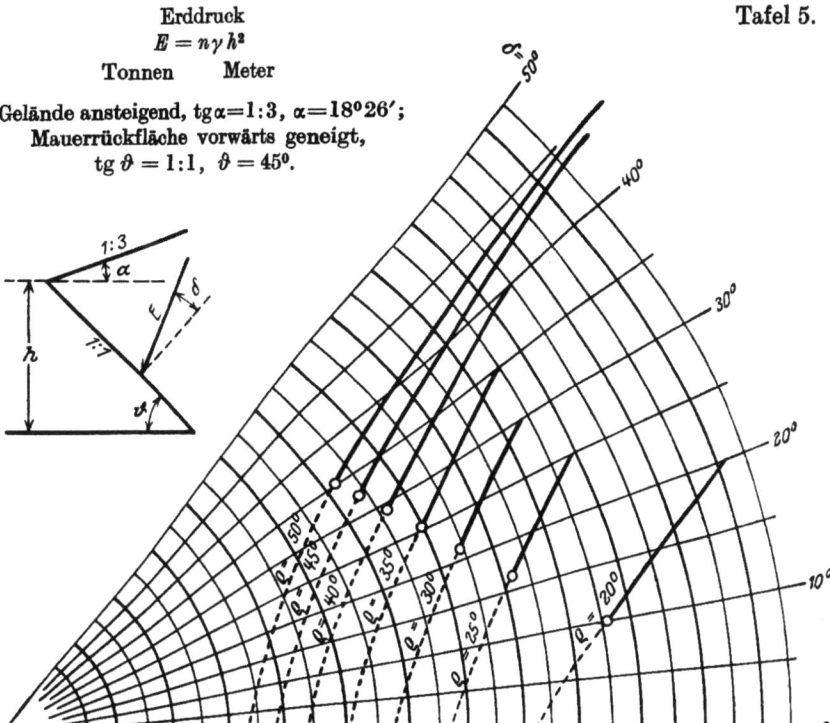

n ist zu messen vom Koordinatenanfang in der Richtung δ bis zur ϱ-Linie.

Erddruck $E = n \gamma h^2$
Tonnen   Meter

Gelände ansteigend, $\operatorname{tg}\alpha = 1:3$, $\alpha = 18°26'$;
Mauerrückfläche vorwärts geneigt,
$\operatorname{tg}\vartheta = 2:1$, $\vartheta = 63°26'$.

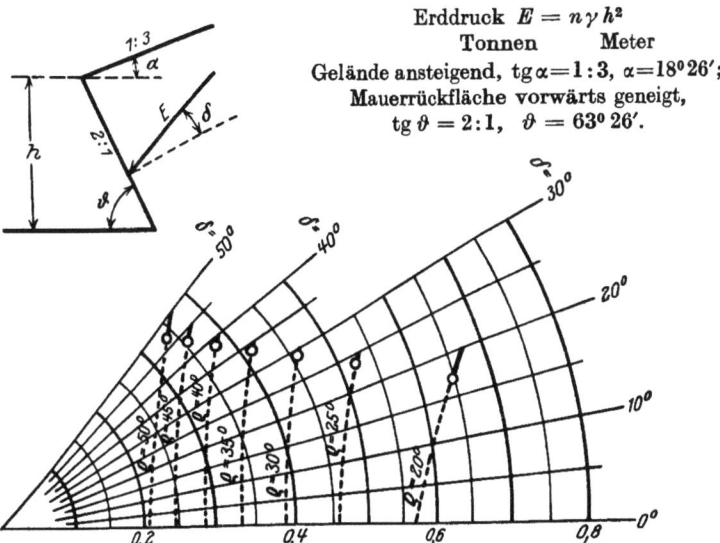

n ist zu messen vom Koordinatenanfang in der Richtung δ bis zur ϱ-Linie.

Syffert, Erddrucktafeln.

Tafel 6.

Erddruck $E = n\gamma h^2$
Tonnen   Meter

Gelände ansteigend,
$\operatorname{tg}\alpha = 1:3$, $\alpha = 18°\,26'$;
Mauerrückfläche vorwärts geneigt,
$\operatorname{tg}\vartheta = 3:1$, $\vartheta = 71°\,34'$.

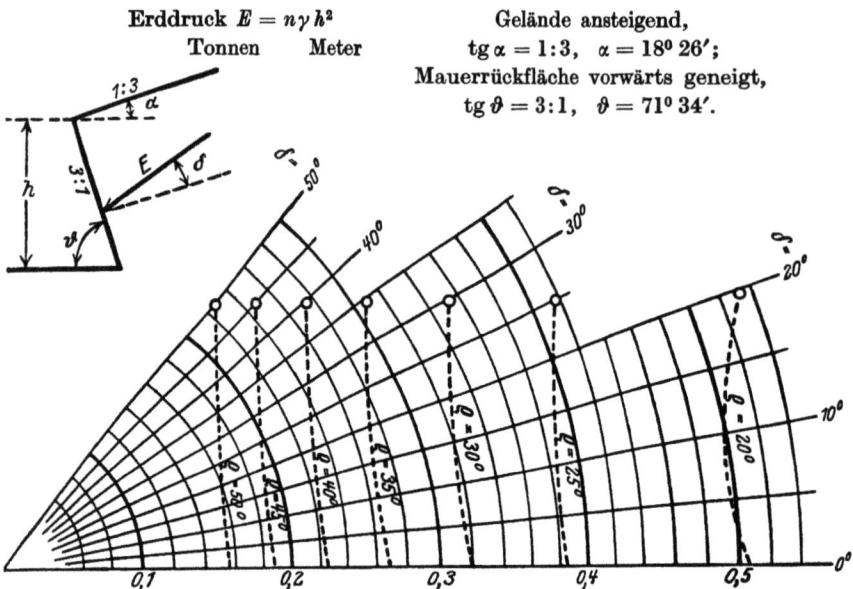

n ist zu messen vom Koordinatenanfang in der Richtung δ bis zur ϱ-Linie.

Erddruck $E = n\gamma h^2$
Tonnen   Meter

Gelände ansteigend,
$\operatorname{tg}\alpha = 1:3$, $\alpha = 18°\,26'$.
Mauerrückfläche lotrecht,
$\vartheta = 90°$.

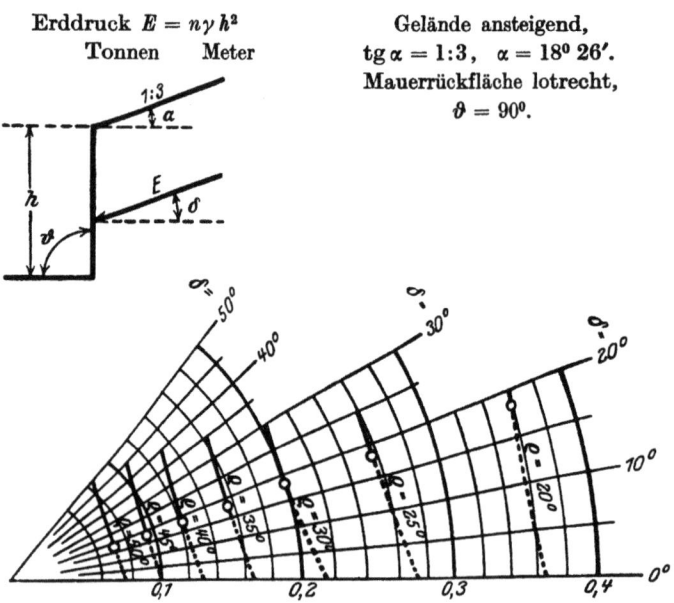

n ist zu messen vom Koordinatenanfang in der Richtung δ bis zur ϱ-Linie.

Tafel 7.

Erddruck
$E = n \gamma h^2$
Tonnen   Meter

Gelände ansteigend, tg $\alpha = 1:3$, $\alpha = 18° 26'$;
Mauerrückfläche rückwärts geneigt,
tg $\vartheta = 10:1$, $\vartheta = 95° 42'$.

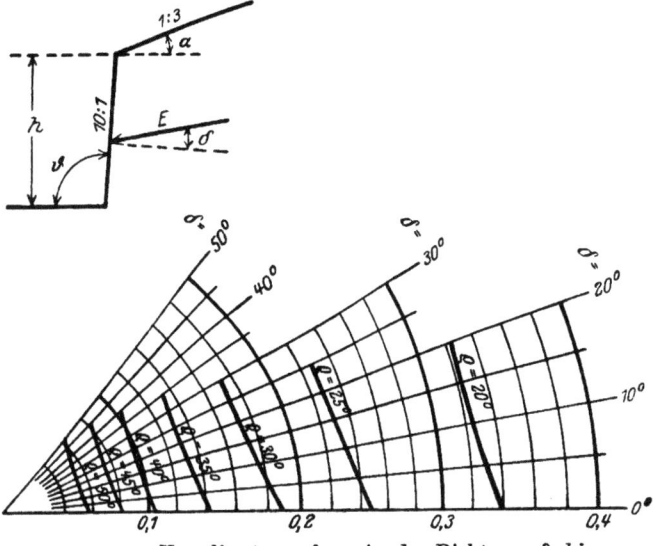

n ist zu messen vom Koordinatenanfang in der Richtung δ bis zur ϱ-Linie.

Erddruck
$E = n \gamma h^2$
Tonnen   Meter

Gelände ansteigend, tg $\alpha = 1:3$, $\alpha = 18° 26'$;
Mauerrückfläche rückwärts geneigt,
tg $\vartheta = 5:1$, $\vartheta = 101° 18'$.

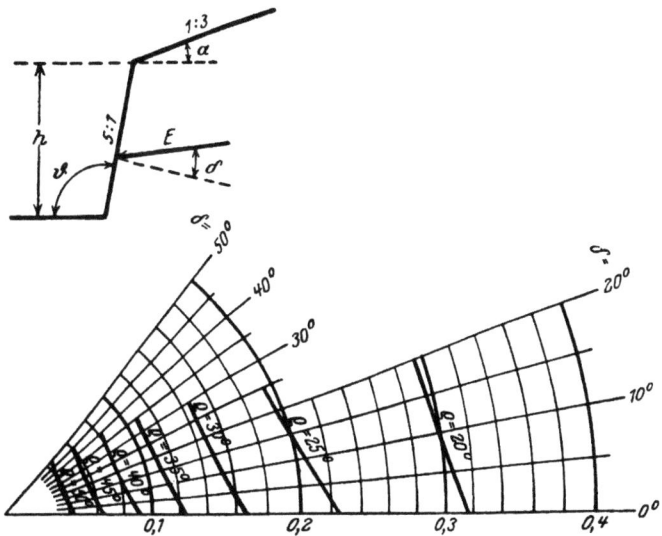

n ist zu messen vom Koordinatenanfang in der Richtung δ bis zur ϱ-Linie.

Tafel 8.

Erddruck
$E = n\gamma h^2$
Tonnen   Meter

Gelände ansteigend, $\operatorname{tg}\alpha = 1:3$, $\alpha = 18^\circ\,26'$;
Mauerrückfläche rückwärts geneigt,
$\operatorname{tg}\vartheta = 4:1$, $\vartheta = 104^\circ\,2'$.

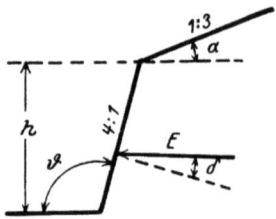

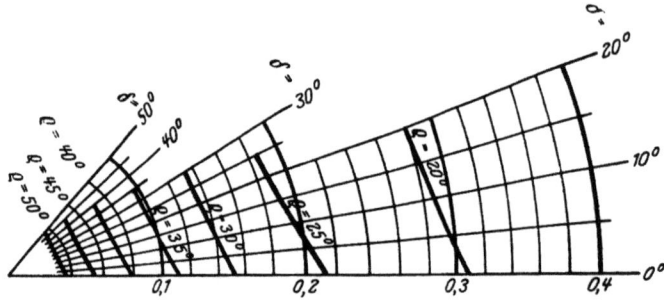

n ist zu messen vom Koordinatenanfang in der Richtung δ bis zur ϱ-Linie.

Erddruck
$E = n\gamma h^2$
Tonnen   Meter

Gelände ansteigend, $\operatorname{tg}\alpha = 1:3$, $\alpha = 18^\circ\,26'$;
Mauerrückfläche rückwärts geneigt,
$\operatorname{tg}\vartheta = 3:1$, $\vartheta = 108^\circ\,26'$.

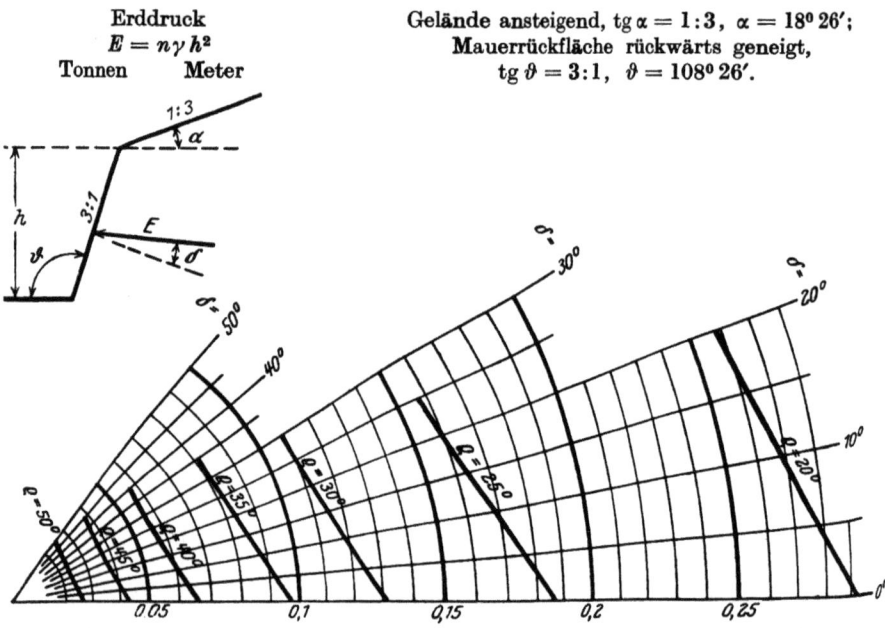

n ist zu messen vom Koordinatenanfang in der Richtung δ bis zur ϱ-Linie.

Tafel 9.

Erddruck $E = n \gamma h^2$
Tonnen   Meter

Gelände ansteigend,
tg $\alpha = 1:2$, $\alpha = 26^0 34'$;
Mauerrückfläche vorwärts geneigt,
tg $\vartheta = 1:1$, $\vartheta = 45^0$.

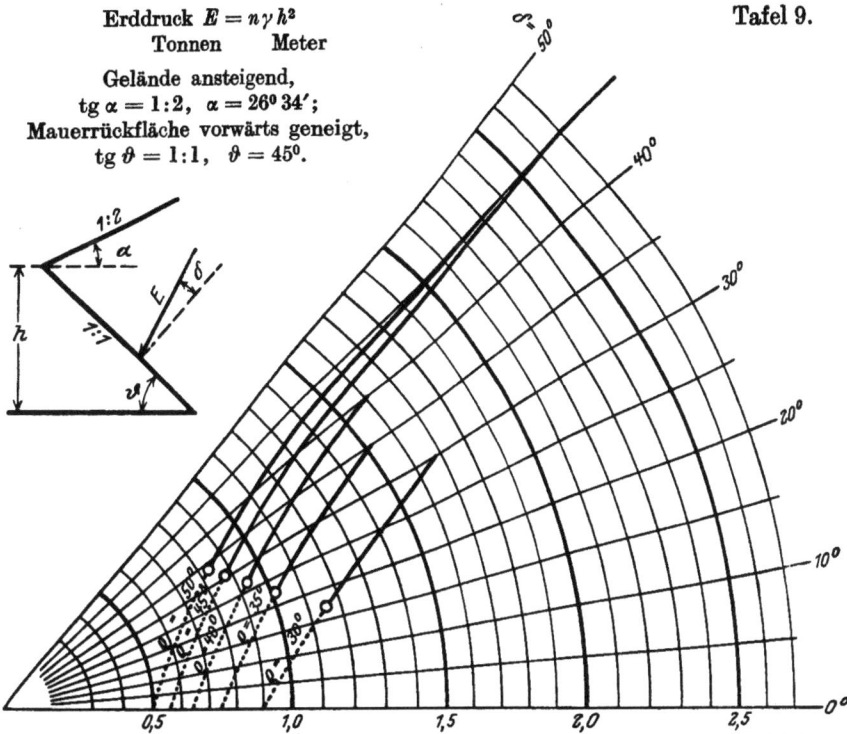

n ist zu messen vom Koordinatenanfang in der Richtung δ bis zur ϱ-Linie.

Erddruck $E = n \gamma h^2$
Tonnen   Meter

Gelände ansteigend, tg $\alpha = 1:2$, $\alpha = 26^0 34'$;
Mauerrückfläche vorwärts geneigt,
tg $\vartheta = 2:1$, $\vartheta = 63^0 26'$.

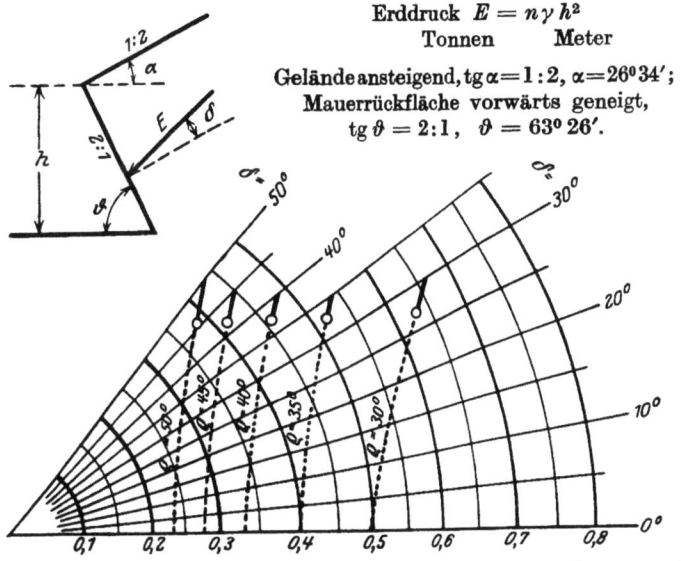

n ist zu messen vom Koordinatenanfang in der Richtung δ bis zur ϱ-Linie.

Tafel 10.

Erddruck
$E = n\gamma h^2$
Tonnen   Meter

Gelände ansteigend, $\mathrm{tg}\,\alpha = 1:2$, $\alpha = 26°\,34'$;
Mauerrückfläche vorwärts geneigt,
$\mathrm{tg}\,\vartheta = 3:1$, $\vartheta = 71°\,34'$

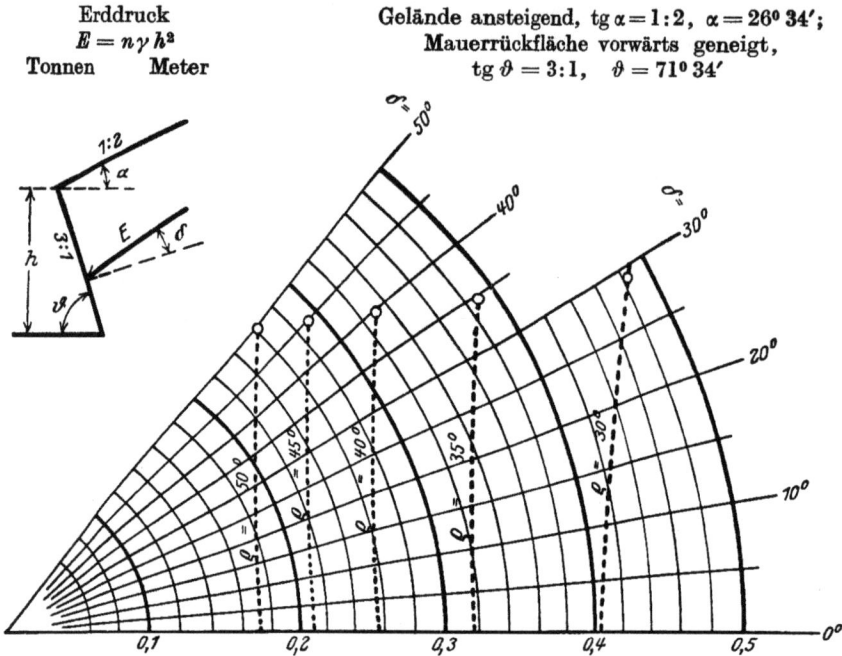

n ist zu messen vom Koordinatenanfang in der Richtung δ bis zur ϱ-Linie

Erddruck $E = n\gamma h^2$
Tonnen   Meter

Gelände ansteigend, $\mathrm{tg}\,\alpha = 1:2$, $\alpha = 26°\,34'$;
Mauerrückfläche lotrecht, $\vartheta = 90°$.

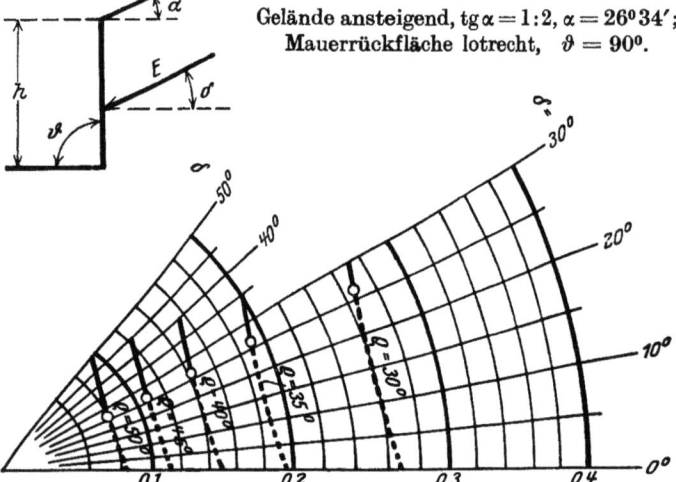

n ist zu messen vom Koordinatenanfang in der Richtung δ bis zur ϱ-Linie.

Tafel 11.

Erddruck
$E = n \gamma h^2$
Tonnen   Meter

Gelände ansteigend, $\operatorname{tg}\alpha = 1:2$, $\alpha = 26°34'$;
Mauerrückfläche rückwärts geneigt,
$\operatorname{tg}\vartheta = 10:1$, $\vartheta = 95°42'$.

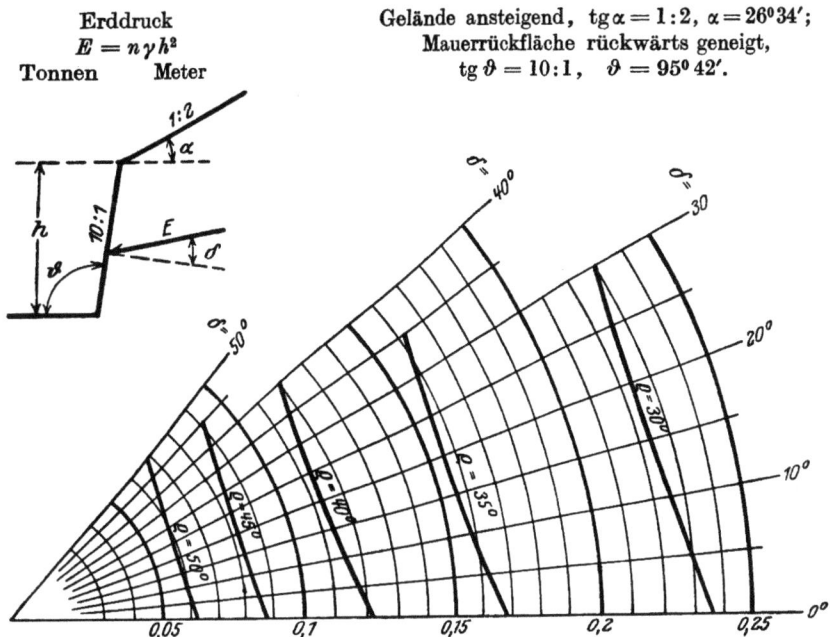

n ist zu messen vom Koordinatenanfang in der Richtung δ bis zur ϱ-Linie.

Erddruck $E = n \gamma h^2$
Tonnen   Meter

Gelände ansteigend, $\operatorname{tg}\alpha = 1:2$, $\alpha = 26°34'$;
Mauerrückfläche rückwärts geneigt,
$\operatorname{tg}\vartheta = 5:1$, $\vartheta = 101°18'$.

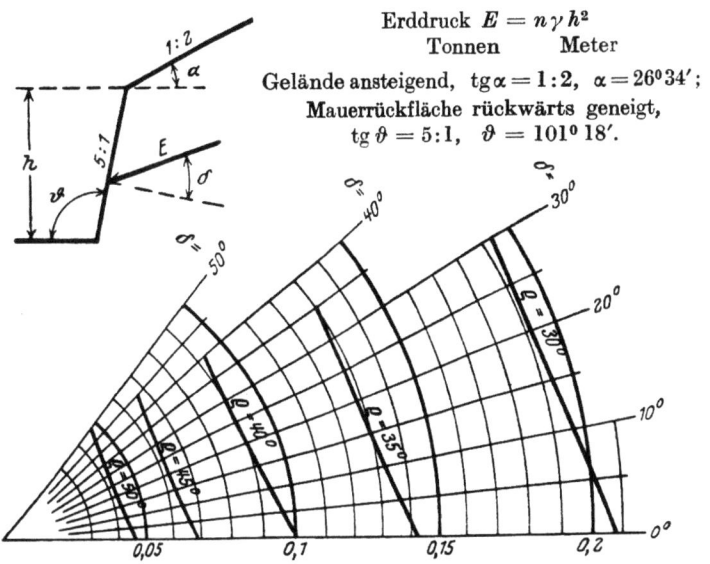

n ist zu messen vom Koordinatenanfang in der Richtung δ bis zur ϱ-Linie.

Tafel 12.

Erddruck $E = n\gamma h^2$
Tonnen   Meter

Gelände ansteigend, $\operatorname{tg}\alpha = 1:2$, $\alpha = 26°\,34'$;
Mauerrückfläche rückwärts geneigt,
$\operatorname{tg}\vartheta = 4:1$, $\vartheta = 104°\,2'$.

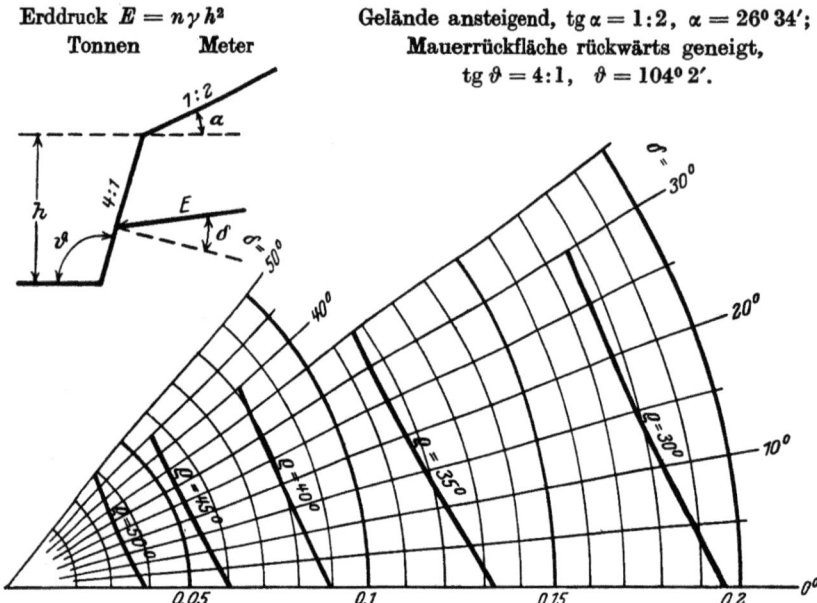

n ist zu messen vom Koordinatenanfang in der Richtung δ bis zur ϱ-Linie.

Erddruck $E = n\gamma h^2$
Tonnen   Meter

Gelände ansteigend, $\operatorname{tg}\alpha = 1:2$, $\alpha = 26°\,34'$;
Mauerrückfläche rückwärts geneigt,
$\operatorname{tg}\vartheta = 3:1$, $\vartheta = 108°\,26'$

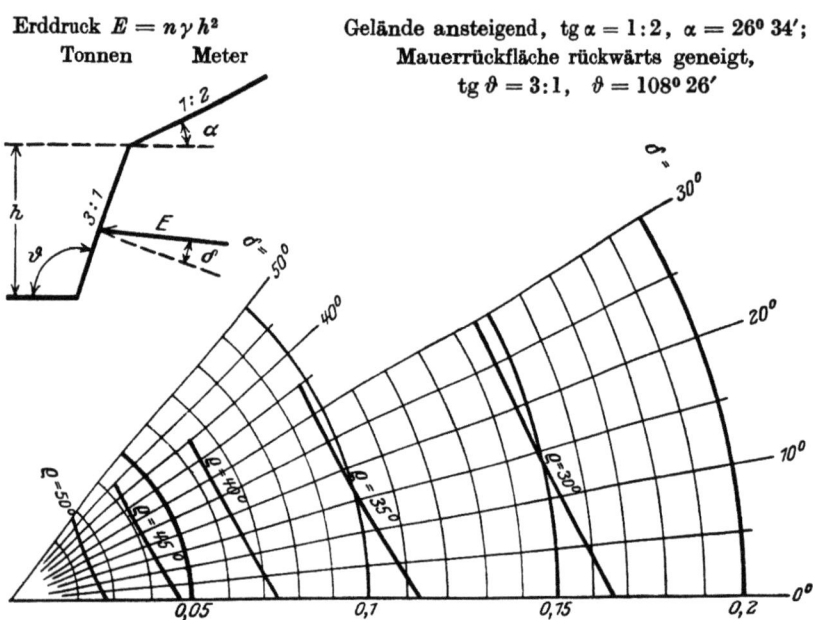

n ist zu messen vom Koordinatenanfang in der Richtung δ bis zur ϱ-Linie.

Tafel 13.

Erddruck $E = n\gamma h^2$
Tonnen   Meter

Gelände ansteigend, $\text{tg}\,\alpha = 2:3$, $\alpha = 33°\,41'$;
Mauerrückfläche vorwärts geneigt,
$\text{tg}\,\vartheta = 1:1$, $\vartheta = 45°$.

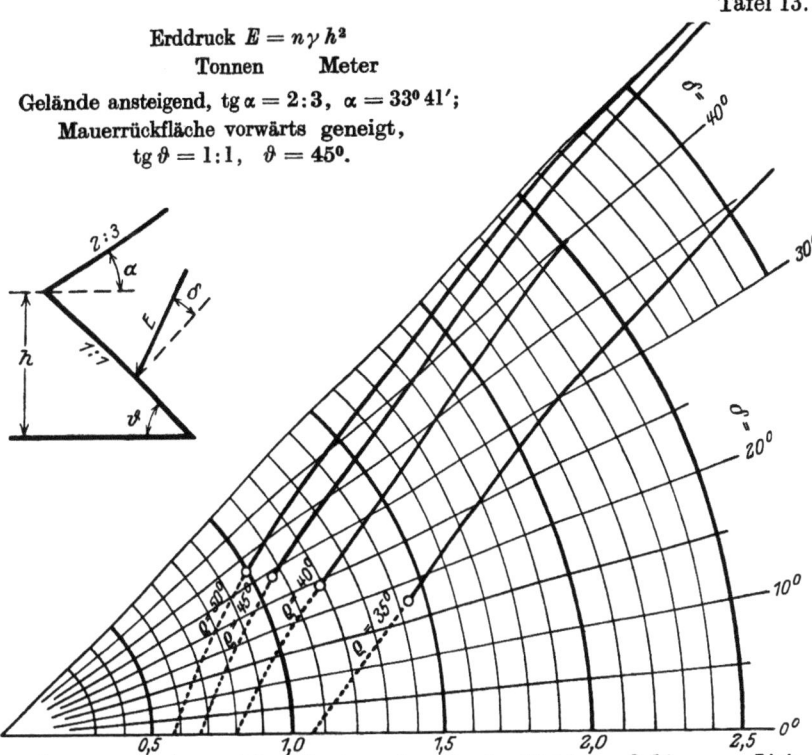

n ist zu messen vom Koordinatenanfang in der Richtung δ bis zur ϱ-Linie.

Erddruck $E = n\gamma h^2$
Tonnen   Meter

Gelände ansteigend,
$\text{tg}\,\alpha = 2:3$, $\alpha = 33°\,41'$;
Mauerrückfläche vorwärts geneigt,
$\text{tg}\,\vartheta = 2:1$, $\vartheta = 63°\,26'$.

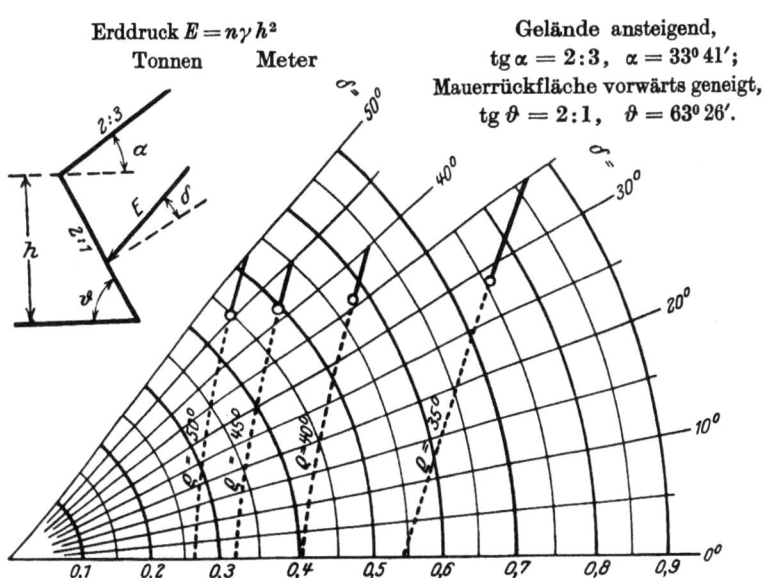

n ist zu messen vom Koordinatenanfang in der Richtung δ bis zur ϱ-Linie.

Tafel 14.

Erddruck $E = n\gamma h^2$
Tonnen   Meter

Gelände ansteigend, tg $\alpha = 2:3$, $\alpha = 33°41'$;
Mauerrückfläche vorwärts geneigt, tg $\vartheta = 3:1$, $\vartheta = 71°34'$.

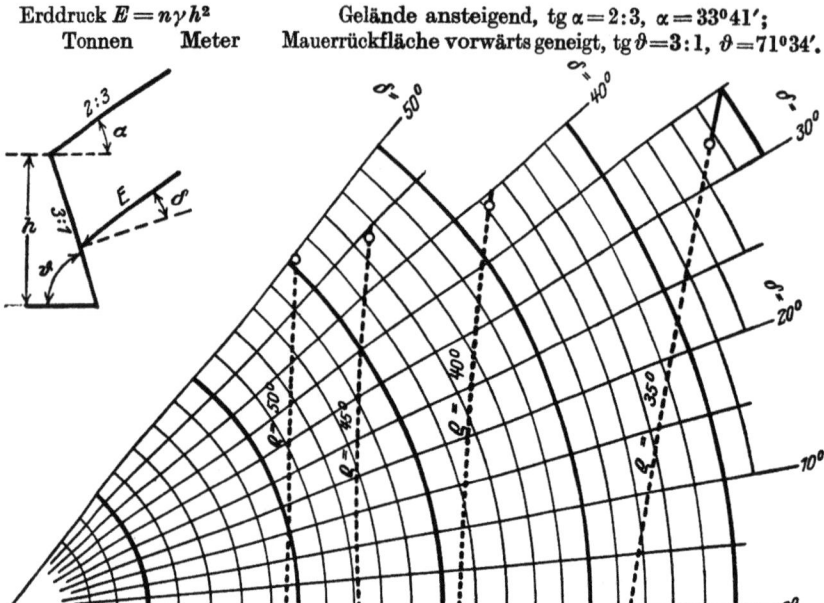

n ist zu messen vom Koordinatenanfang in der Richtung δ bis zur ϱ-Linie.

Erddruck $E = n\gamma h^2$
Tonnen   Meter

Gelände ansteigend, tg $\alpha = 2:3$, $\alpha = 33°41'$;
Mauerrückfläche lotrecht, $\vartheta = 90°$.

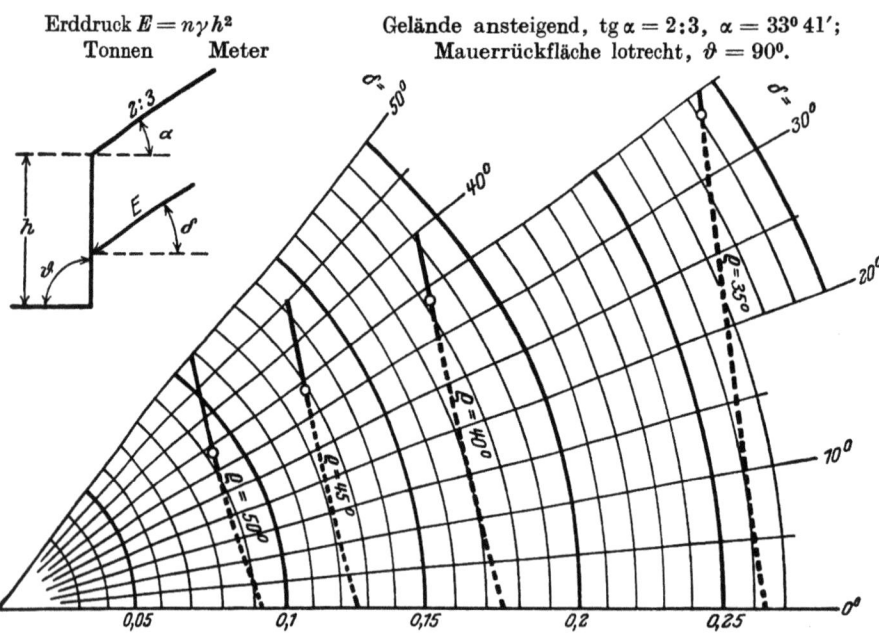

n ist zu messen vom Koordinatenanfang in der Richtung δ bis zur ϱ-Linie.

Tafel 15.

Erddruck $E = n\gamma h^2$
Tonnen   Meter

Gelände ansteigend,
$\operatorname{tg}\alpha = 2:3$, $\alpha = 33^0 41'$;
Mauerrückfläche rückwärts geneigt,
$\operatorname{tg}\vartheta = 10:1$, $\vartheta = 95^0 42'$.

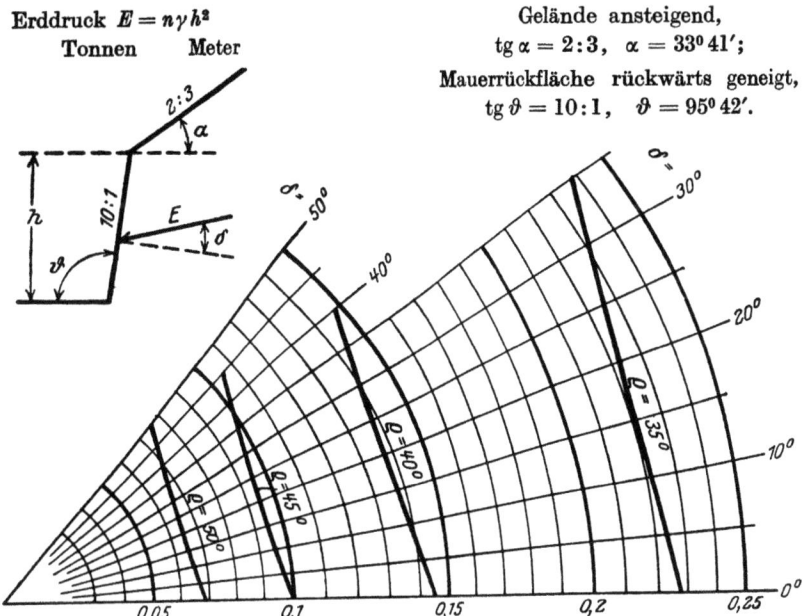

n ist zu messen vom Koordinatenanfang in der Richtung δ bis zur ϱ-Linie.

Erddruck $E = n\gamma h^2$
Tonnen   Meter

Gelände ansteigend,
$\operatorname{tg}\alpha = 2:3$, $\alpha = 33^0 41'$;
Mauerrückfläche rückwärts geneigt,
$\operatorname{tg}\vartheta = 5:1$, $\vartheta = 101^0 18'$.

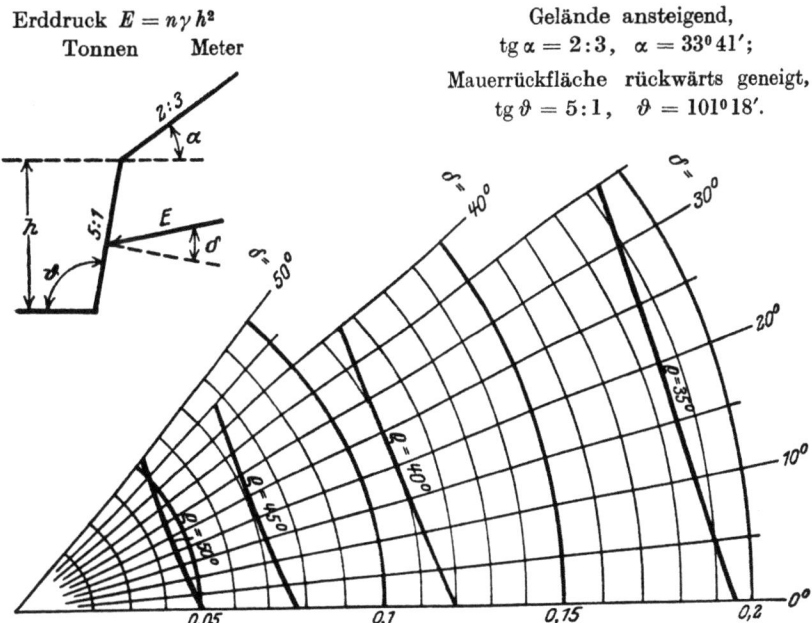

n ist zu messen vom Koordinatenanfang in der Richtung δ bis zur ϱ-Linie.

Tafel 16.

Erddruck $E = n\gamma h^2$
Tonnen   Meter

Gelände ansteigend,
tg $\alpha = 2:3$, $\alpha = 33^0\,41'$;
Mauerrückfläche rückwärts geneigt,
tg $\vartheta = 4:1$, $\vartheta = 104^0\,2'$.

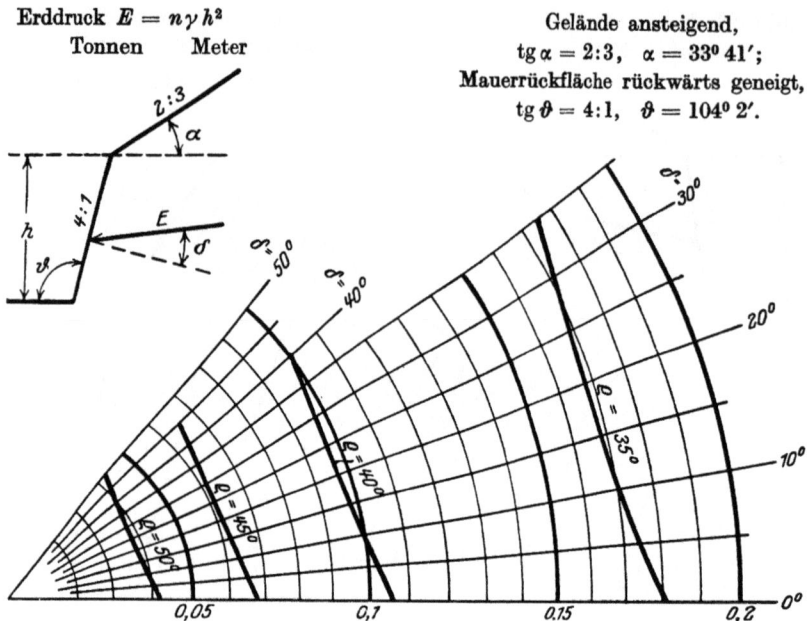

n ist zu messen vom Koordinatenanfang in der Richtung δ bis zur ϱ-Linie.

Erddruck $E = n\gamma h^2$
Tonnen   Meter

Gelände ansteigend,
tg $\alpha = 2:3$, $\alpha = 33^0\,41'$;
Mauerrückfläche rückwärts geneigt,
tg $\vartheta = 3:1$, $\vartheta = 108^0\,26'$.

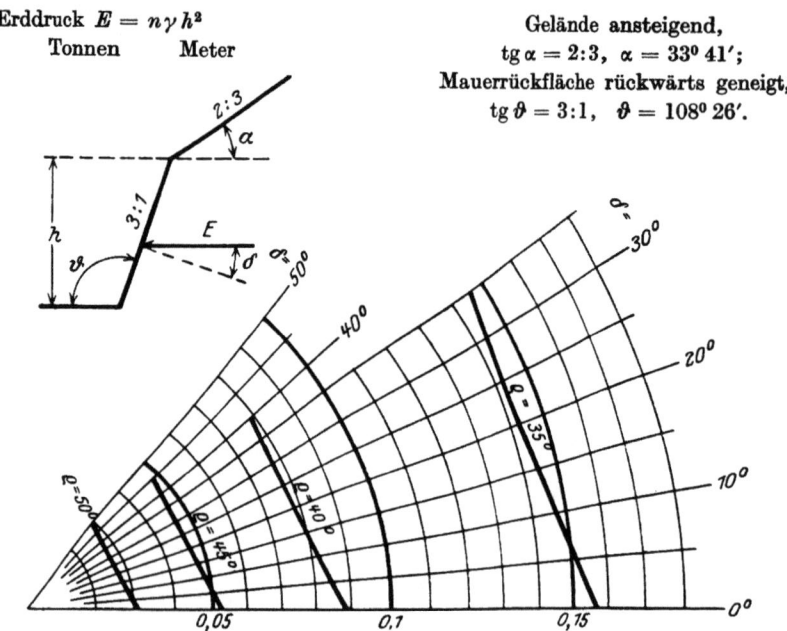

n ist zu messen vom Koordinatenanfang in der Richtung δ bis zur ϱ-Linie.

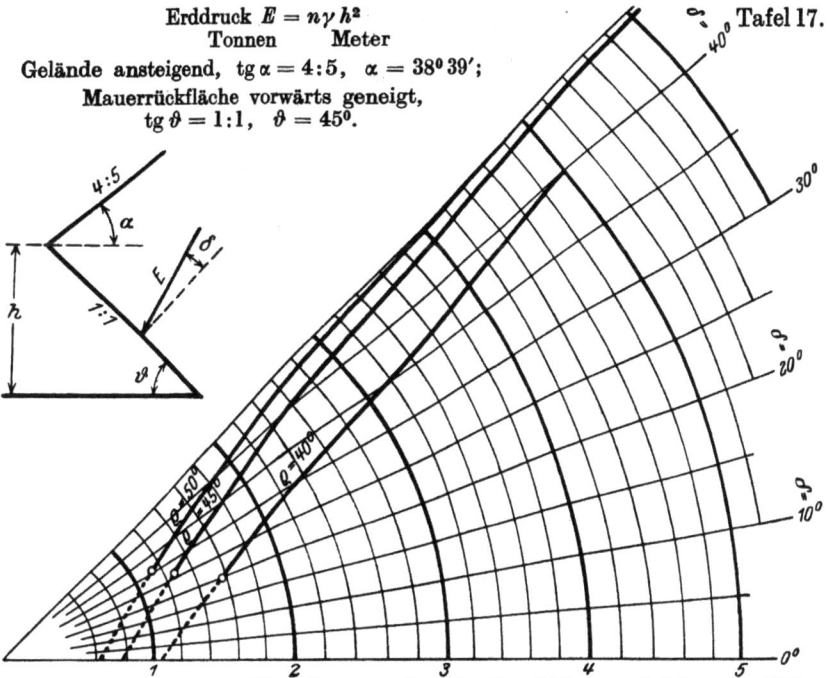

Erddruck $E = n\gamma h^2$
Tonnen   Meter
Gelände ansteigend, $\operatorname{tg} \alpha = 4:5$, $\alpha = 38°39'$;
Mauerrückfläche vorwärts geneigt, $\operatorname{tg} \vartheta = 1:1$, $\vartheta = 45°$.

Tafel 17.

n ist zu messen vom Koordinatenanfang in der Richtung δ bis zur ϱ-Linie.

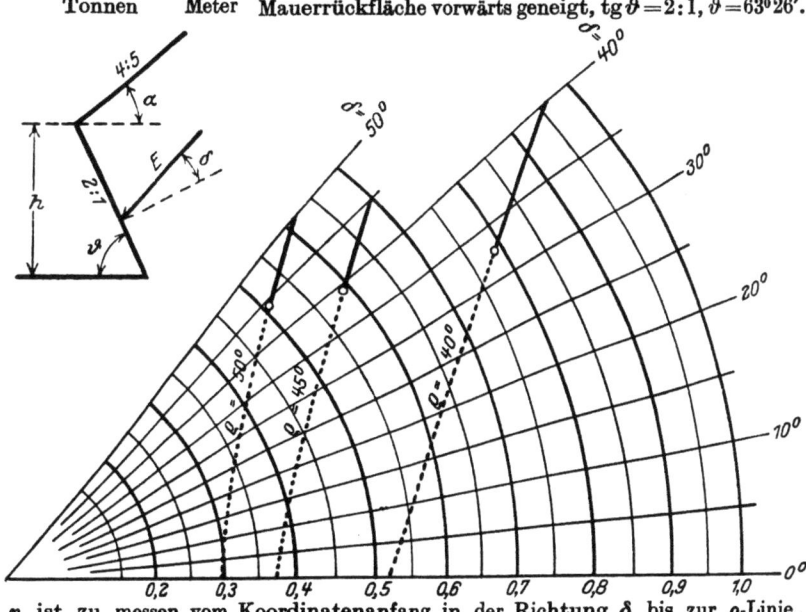

Erddruck $E = n\gamma h^2$ Gelände ansteigend, $\operatorname{tg}\alpha = 4:5$, $\alpha = 38°39'$;
Tonnen   Meter   Mauerrückfläche vorwärts geneigt, $\operatorname{tg}\vartheta = 2:1$, $\vartheta = 63°26'$.

n ist zu messen vom Koordinatenanfang in der Richtung δ bis zur ϱ-Linie.

Tafel 18. Erddruck $E = n\gamma h^2$
Tonnen   Meter

Gelände ansteigend, $\text{tg }\alpha = 4:5$, $\alpha = 38°39'$;
Mauerrückfläche vorwärts geneigt, $\text{tg }\vartheta = 3:1$, $\vartheta = 71°34'$.

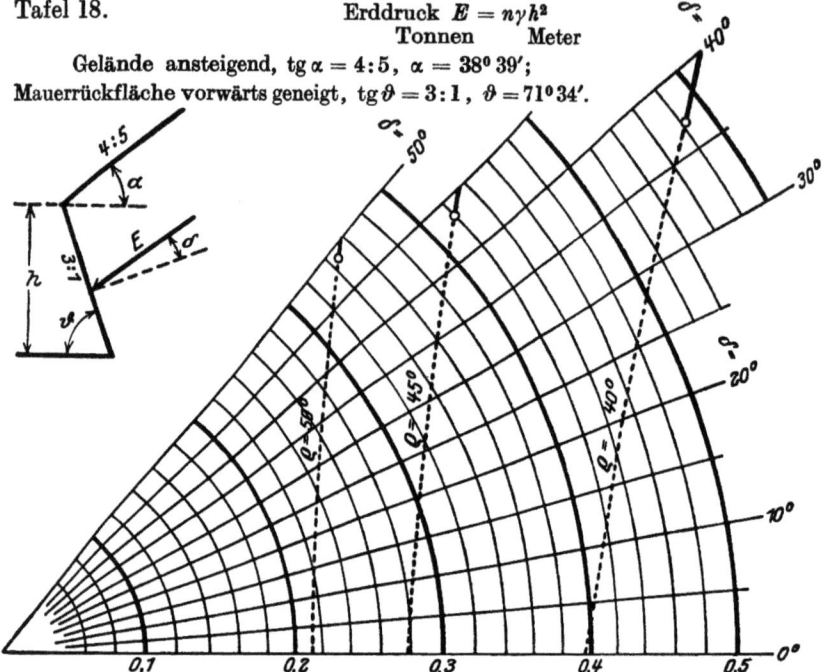

n ist zu messen vom Koordinatenanfang in der Richtung δ bis zur ϱ-Linie.

Erddruck $E = n\gamma h^2$ Gelände ansteigend,
Tonnen   Meter $\text{tg }\alpha = 4:5$, $\alpha = 38°39'$;
Mauerrückfläche lotrecht, $\vartheta = 90°$.

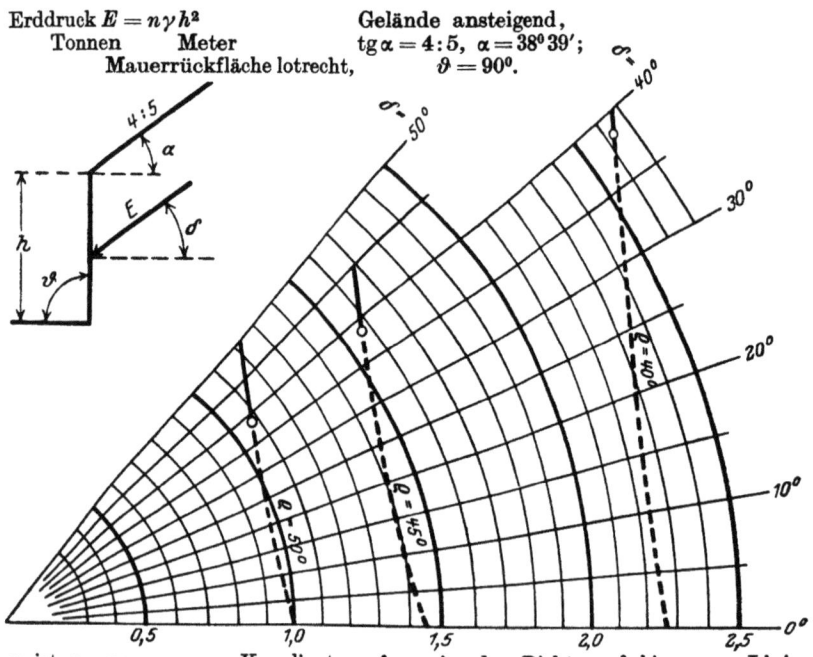

n ist zu messen vom Koordinatenanfang in der Richtung δ bis zur ϱ-Linie.

Tafel 19.

Erddruck $E = n\gamma h^2$
Tonnen   Meter

Gelände ansteigend, tg $\alpha = 4:5$, $\alpha = 38°\,39'$;
Mauerrückfläche rückwärts geneigt,
tg $\vartheta = 10:1$, $\vartheta = 95°\,42'$.

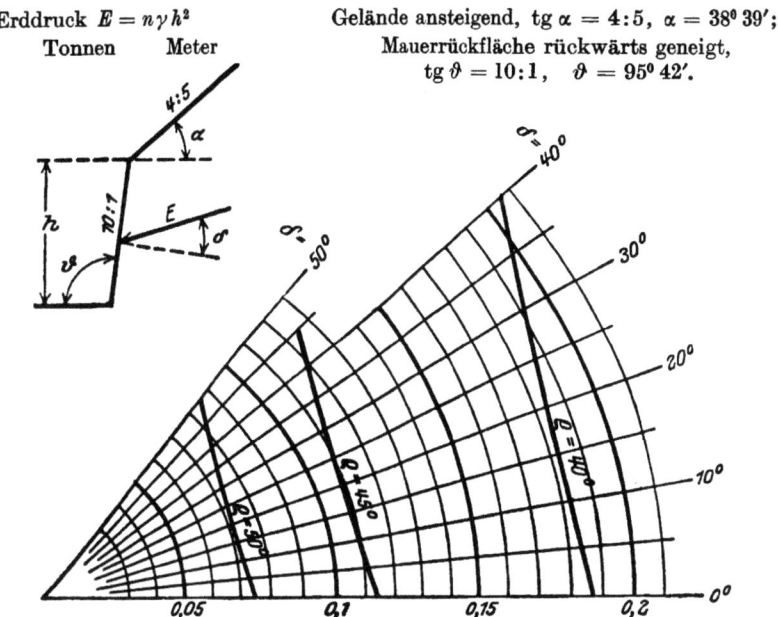

n ist zu messen vom Koordinatenanfang in der Richtung δ bis zur ϱ-Linie.

Erddruck $E = n\gamma h^2$
Tonnen   Meter

Gelände ansteigend, tg $\alpha = 4:5$, $\alpha = 38°\,39'$;
Mauerrückfläche rückwärts geneigt,
tg $\vartheta = 5:1$, $\vartheta = 101°\,18'$.

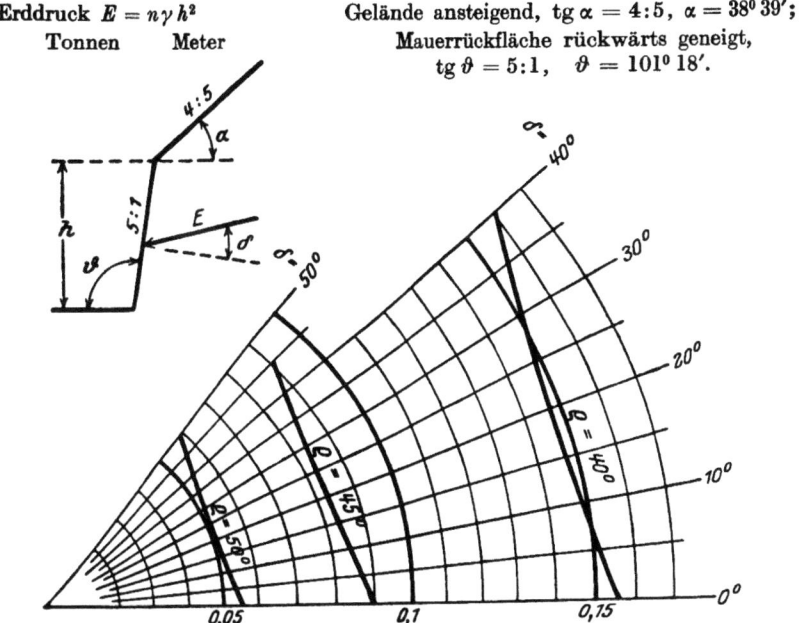

n ist zu messen vom Koordinatenanfang in der Richtung δ bis zur ϱ-Linie.

Tafel 20.

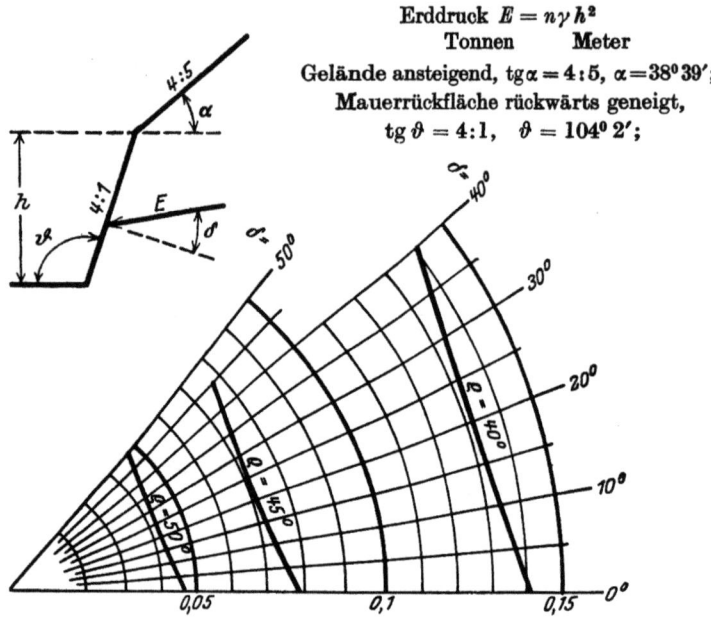

Erddruck $E = n\gamma h^2$
Tonnen   Meter
Gelände ansteigend, $\operatorname{tg}\alpha = 4:5$, $\alpha = 38°39'$;
Mauerrückfläche rückwärts geneigt,
$\operatorname{tg}\vartheta = 4:1$, $\vartheta = 104°2'$;

n ist zu messen vom Koordinatenanfang in der Richtung δ bis zur ϱ-Linie.

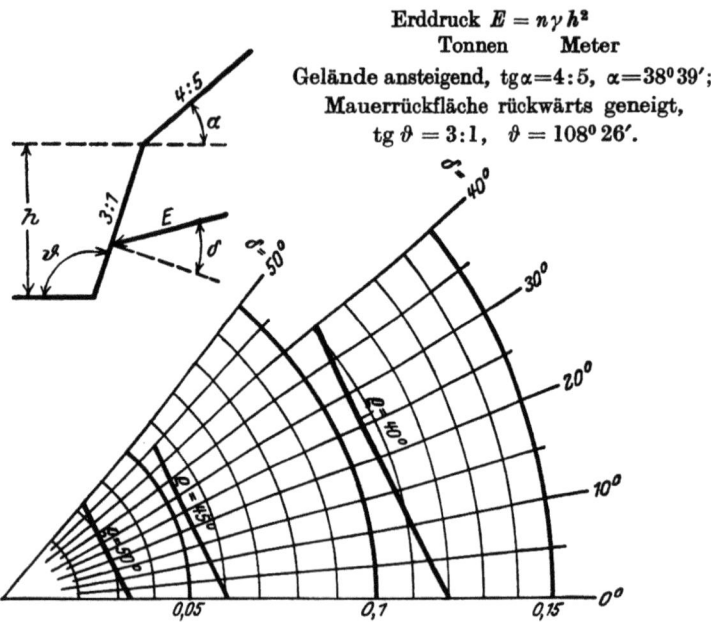

Erddruck $E = n\gamma h^2$
Tonnen   Meter
Gelände ansteigend, $\operatorname{tg}\alpha = 4:5$, $\alpha = 38°39'$;
Mauerrückfläche rückwärts geneigt,
$\operatorname{tg}\vartheta = 3:1$, $\vartheta = 108°26'$.

n ist zu messen vom Koordinatenanfang in der Richtung δ bis zur ϱ-Linie.

Tafel 21.

Erddruck $E = n\gamma h^2$
Tonnen   Meter
Gelände ansteigend, $\operatorname{tg}\alpha = 1:1$, $\alpha = 45°$;
Mauerrückfläche vorwärts geneigt,
$\operatorname{tg}\vartheta = 1:1$, $\vartheta = 45°$.

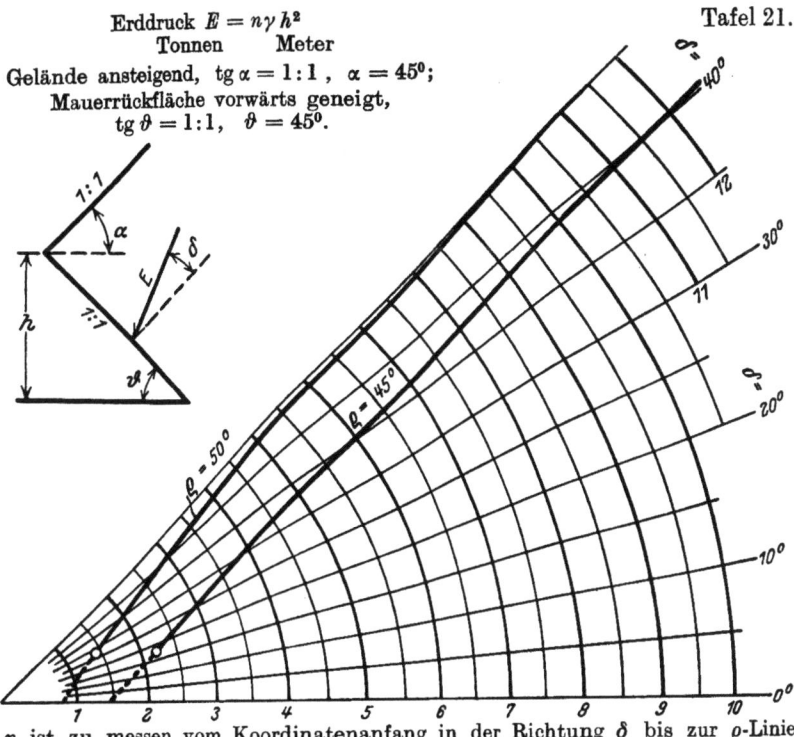

n ist zu messen vom Koordinatenanfang in der Richtung δ bis zur ϱ-Linie.

Erddruck $E = n\gamma h^2$
Tonnen   Meter
Gelände ansteigend, $\operatorname{tg}\alpha = 1:1$, $\alpha = 45°$;
Mauerrückfläche vorwärts geneigt,
$\operatorname{tg}\vartheta = 2:1$, $\vartheta = 63°\,26'$.
n ist zu messen vom Koordinatenanfang in der Richtung δ bis zur ϱ-Linie.

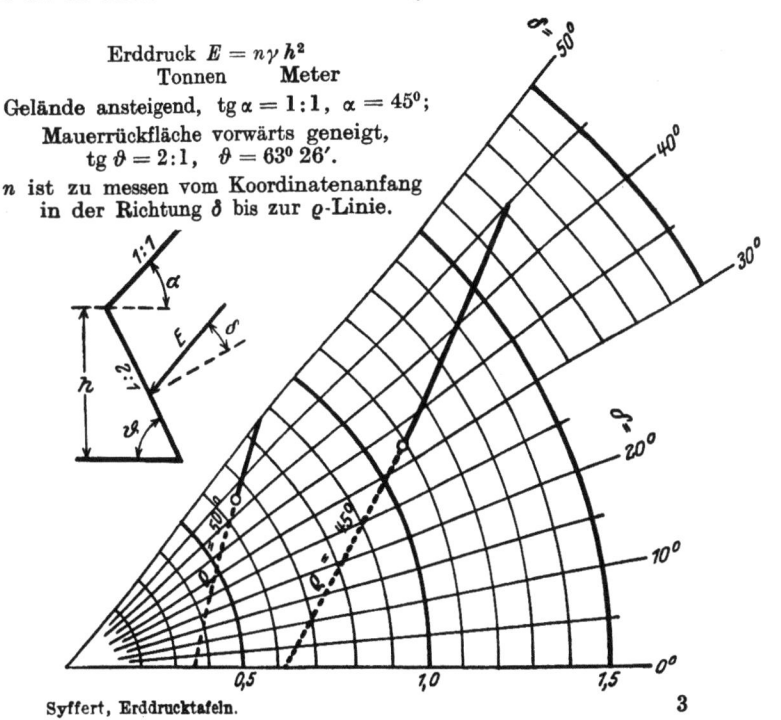

Syffert, Erddrucktafeln.

Tafel 22.

Erddruck $E = n\gamma h^2$
Tonnen   Meter

Gelände ansteigend, $\operatorname{tg}\alpha = 1:1$, $\alpha = 45°$;
Mauerrückfläche vorwärts geneigt,
$\operatorname{tg}\vartheta = 3:1$, $\vartheta = 71°\,34'$.

n ist zu messen vom Koordinatenanfang in der Richtung δ bis zur ϱ-Linie.

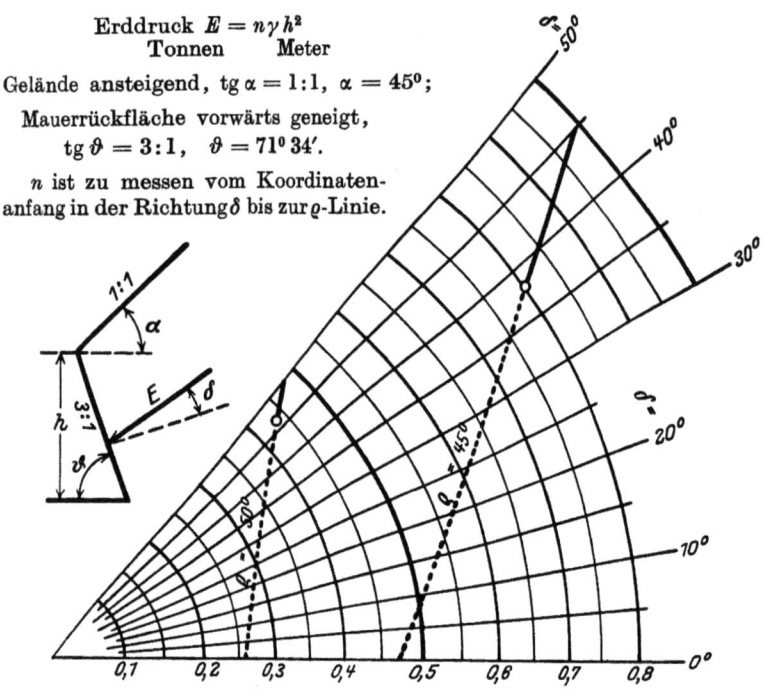

Erddruck $E = n\gamma h^2$
Tonnen   Meter

Gelände ansteigend, $\operatorname{tg}\alpha = 1:1$, $\alpha = 45°$;
Mauerrückfläche lotrecht, $\vartheta = 90°$.

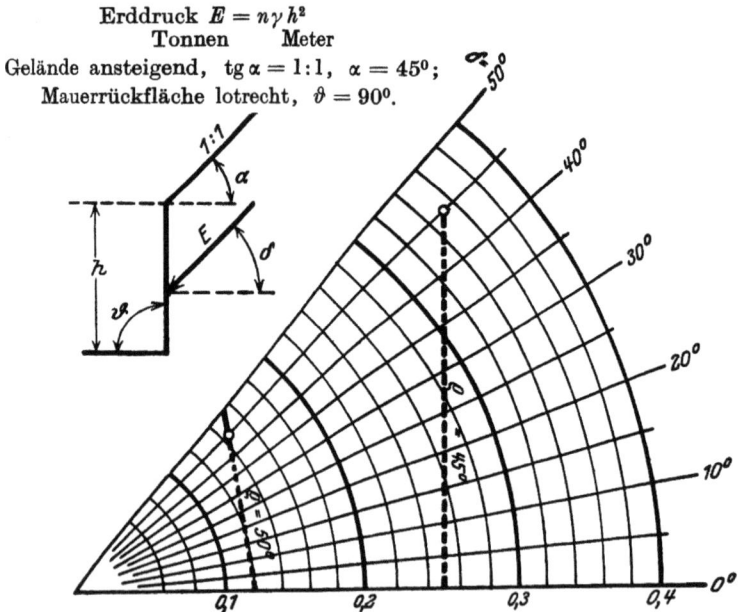

n ist zu messen vom Koordinatenanfang in der Richtung δ bis zur ϱ-Linie.

Tafel 23.

Erddruck $E = n\gamma h^2$
Tonnen   Meter
Gelände ansteigend, $\operatorname{tg}\alpha = 1:1$, $\alpha = 45^0$;
Mauerrückfläche rückwärts geneigt,
$\operatorname{tg}\vartheta = 10:1$, $\vartheta = 95^0\,42'$.

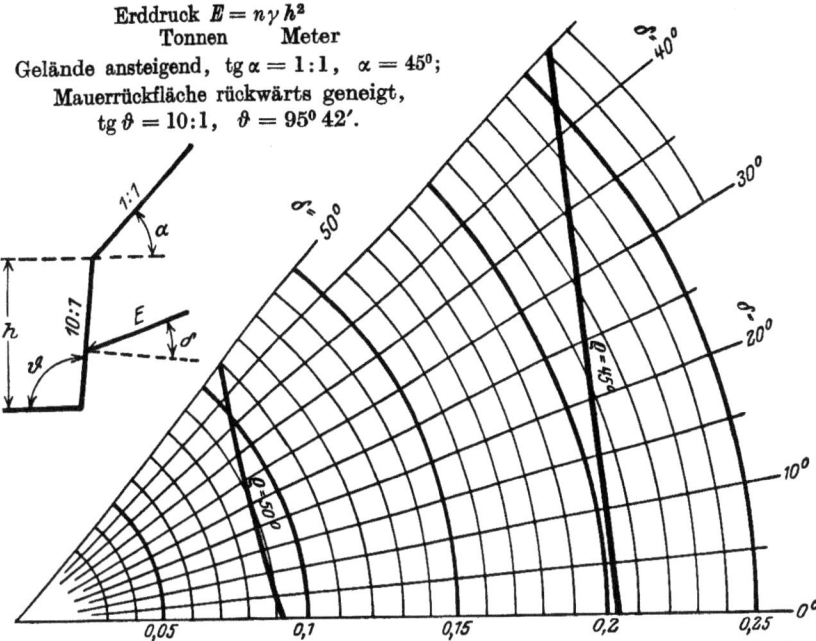

n ist zu messen vom Koordinatenanfang in der Richtung δ bis zur ϱ-Linie.

Erddruck $E = n\gamma h^2$
Tonnen   Meter
Gelände ansteigend, $\operatorname{tg}\alpha = 1:1$, $\alpha = 45^0$;
Mauerrückfläche rückwärts geneigt,
$\operatorname{tg}\vartheta = 5:1$, $\vartheta = 101^0\,18'$.

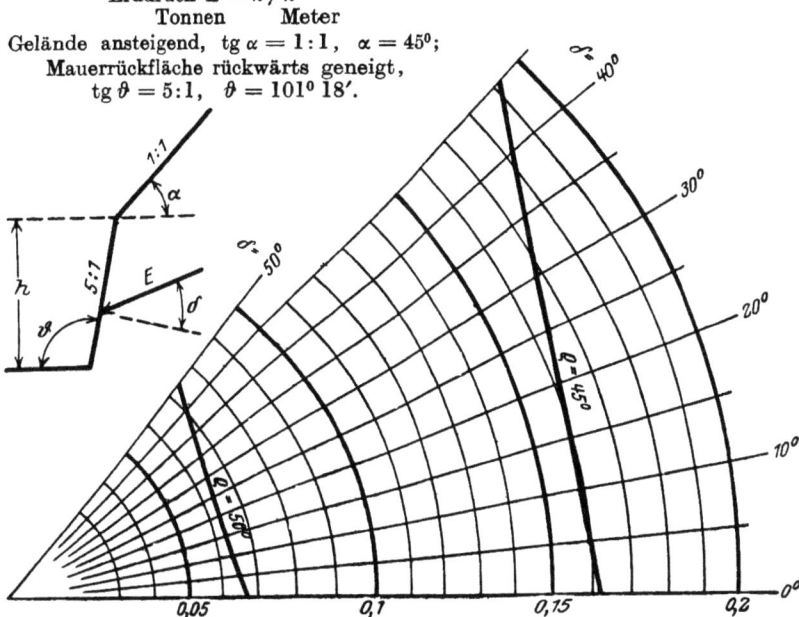

n ist zu messen vom Koordinatenanfang in der Richtung δ bis zur ϱ-Linie.

3*

Tafel 24.

Erddruck $E = n\gamma h^2$
Tonnen   Meter
Gelände ansteigend, $\operatorname{tg}\alpha = 1:1$, $\alpha = 45°$;
Mauerrückfläche rückwärts geneigt,
$\operatorname{tg}\vartheta = 4:1$, $\vartheta = 104°\,2'$.

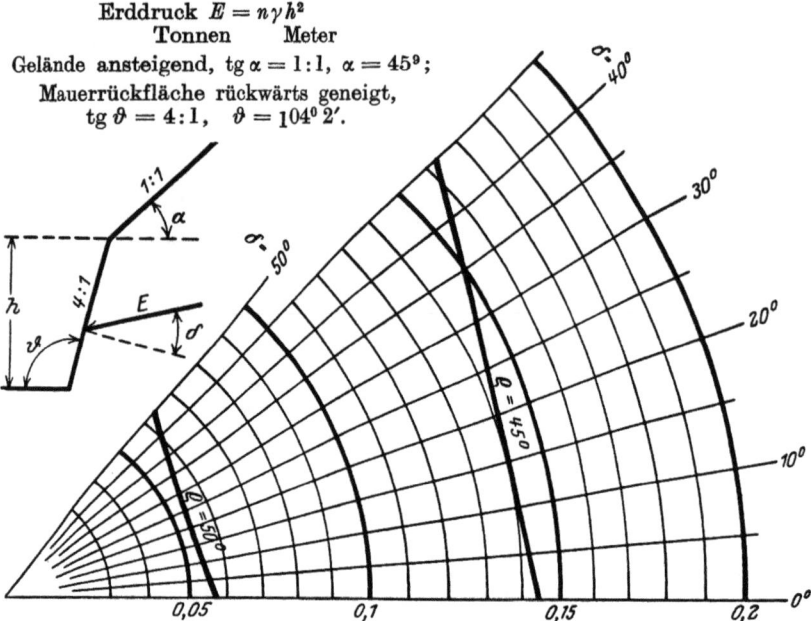

n ist zu messen vom Koordinatenanfang in der Richtung δ bis zur ϱ-Linie.

Erddruck $E = n\gamma h^2$
Tonnen   Meter
Gelände ansteigend, $\operatorname{tg}\alpha = 1:1$, $\alpha = 45°$;
Mauerrückfläche rückwärts geneigt,
$\operatorname{tg}\vartheta = 3:1$, $\vartheta = 108°\,26'$.

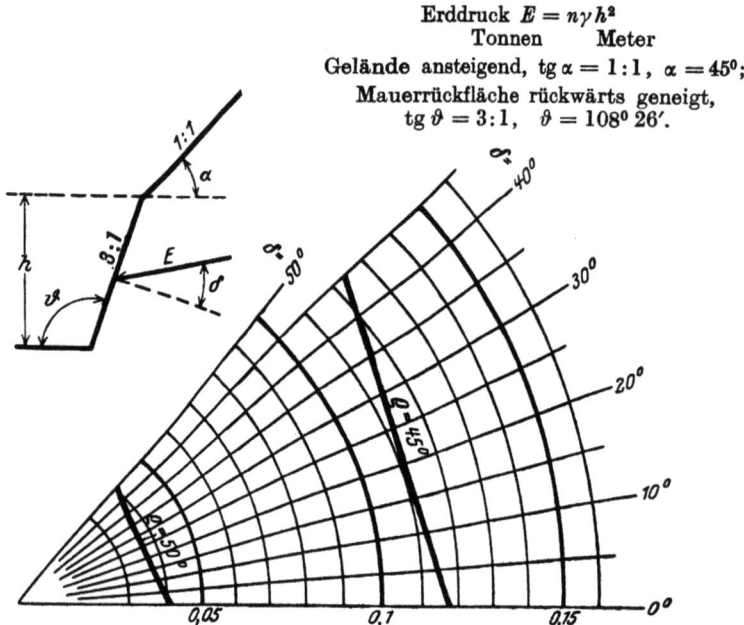

n ist zu messen vom Koordinatenanfang in der Richtung δ bis zur ϱ-Linie.

Tafel 25.

Erddruck $E = n\gamma h^2$
Tonnen Meter

Gegenüberstellung der Erddruckgrößen bei verschiedenen Werten von ϑ: bei $\varrho = 35°$ und $\alpha = 0°$ (wagrechtes Gelände).

n ist zu messen vom Koordinatenanfang in der Richtung δ bis zur ϑ-Linie.

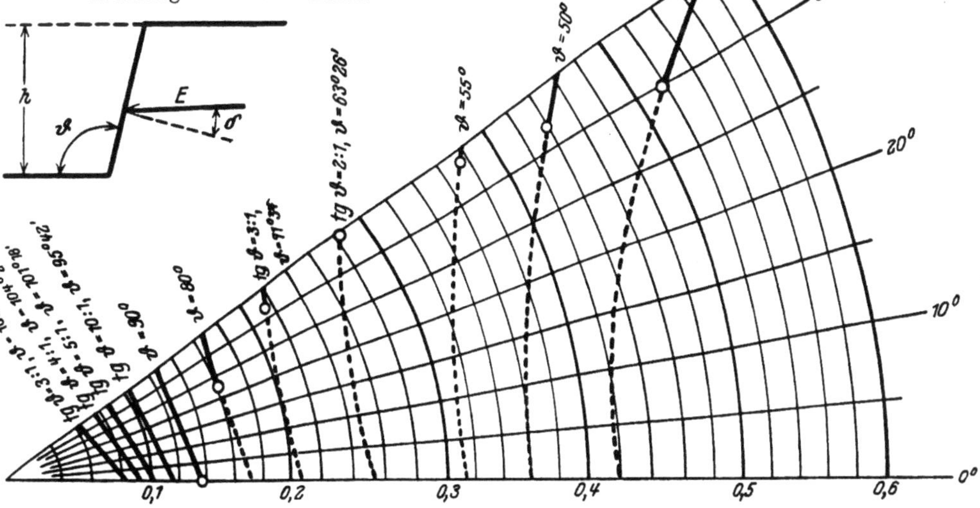

Erddruck $E = n\gamma h^2$
Tonnen Meter

Gegenüberstellung der Erddruckgrößen bei verschiedenen Werten von ϑ: wenn $\varrho = 35°$ u. $\alpha = 35°$.

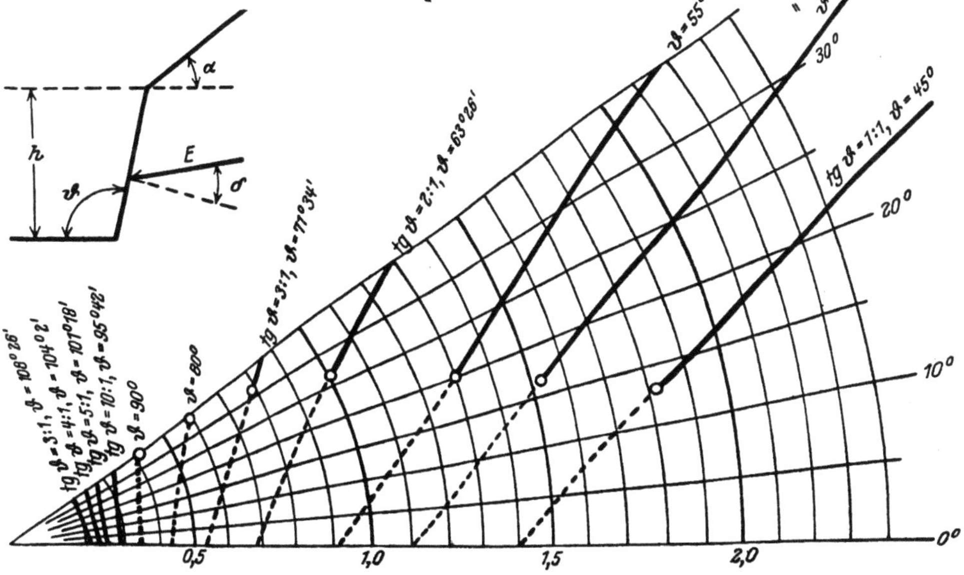

n ist zu messen vom Koordinatenanfang in der Richtung δ bis zur ϑ-Linie.

Verlag von Julius Springer / Berlin

Erddruck auf Stützmauern. Von Prof. Richard Petersen, Danzig. Mit 80 Abbildungen. 84 Seiten. 1924. RM 5.40

Grenzzustände des Erddruckes auf Stützmauern. Von Prof. Richard Petersen, Danzig. (Sonderabdruck aus „Der Bauingenieur", 6. Jahrgang 1925, Heft 13.) Mit 26 Abbildungen. 16 Seiten. 1925. RM 0.90 Eine Ergänzung zum theoretischen Teil obigen Buches.

Druckverteilung, Erddruck, Erdwiderstand, Tragfähigkeit. Von Dr.-Ing. Heinrich Pihera, Teplitz-Schönau. Mit 51 Abbildungen im Text und 6 Tafeln. VIII, 98 Seiten. 1928. RM 9.—
(Verlag von Julius Springer / Wien)

Statische Probleme des Tunnel- und Druckstollenbaues und ihre gegenseitigen Beziehungen. Gleichgewichtsverhältnisse im massiven und kreisförmig durchörterten Gebirge und deren Folgeerscheinungen Spannungsverhältnisse unterirdischer Gewölbebauten. Von Dr. sc. techn. Hanns Schmid, Ingenieur E. T. H., Chur. Mit 36 Textabbildungen. VI, 148 Seiten. 1926. RM 8.40

Der Bau langer tiefliegender Gebirgstunnel. Von Prof. C. Andreae, Zürich. Mit 83 Textabbildungen. VI, 152 Seiten. 1926. RM 13.20

Die Auskleidung von Druckstollen und Druckschächten. Von Dr.-Ing. Otto Walch, Oberingenieur der Siemens-Bauunion. Mit 93 Textabbildungen und einer Zusammenstellung ausgeführter Druckstollen auf 5 Tafeln. VI, 188 Seiten. 1926.
RM 19.50; gebunden RM 21.—

Zahlentafeln der Seigerteufen und Sohlen bzw. zur Berechnung der Katheten eines rechtwinkligen Dreiecks aus der Hypotenuse und einem Winkel. Nebst einem Anhang für die Verwandlung von Stunden in Grade. Von Markscheider Dr. L. Mintrop, Bochum. Sechste Auflage. VII, 39 Seiten. 1922. RM 1.—

Technische Gesteinskunde für Bauingenieure, Kulturtechniker, Land- und Forstwirte, sowie für Steinbruchbesitzer und Steinbruchtechniker. Von Ing. Dr. phil. Josef Stiny, o. ö. Professor an der Technischen Hochschule in Wien. Zweite, vermehrte und vollständig umgearbeitete Auflage. Mit 422 Abbildungen im Text und 1 mehrfarbigen Tafel, sowie einem Beiheft: „Kurze Anleitung zum Bestimmen der technisch wichtigsten Mineralien und Gesteine". VII, 550 Seiten. 1929. Gebunden RM 45.—
(Verlag von Julius Springer / Wien)

MIX
Papier aus verantwortungsvollen Quellen
Paper from responsible sources
FSC® C105338

If you have any concerns about our products,
you can contact us on
ProductSafety@springernature.com

In case Publisher is established outside the EU,
the EU authorized representative is:
Springer Nature Customer Service Center GmbH
Europaplatz 3, 69115 Heidelberg, Germany

Printed by Libri Plureos GmbH
in Hamburg, Germany